邹长军◎著

CHUANBO YIYOU
YINGJI FANGZHEN JI KESHIHUA JISHU

船舶溢油应急仿真及可视化技术

电子科技大学出版社
University of Electronic Science and Technology of China Press
·成都·

图书在版编目(CIP)数据

船舶溢油应急仿真及可视化技术 / 邹长军著.— 成都：电子科技大学出版社，2022.8
ISBN 978-7-5647-9880-2

Ⅰ.①船… Ⅱ.①邹… Ⅲ.①海上溢油—应急对策—研究 Ⅳ.①X55

中国版本图书馆CIP数据核字（2022）第150848号

船舶溢油应急仿真及可视化技术
CHUANBO YIYOU YINGJI FANGZHEN JI KESHIHUA JISHU

邹长军　著

策划编辑　韩　昊
责任编辑　韩　昊

出版发行　电子科技大学出版社
成都市一环路东一段159号电子信息产业大厦九楼　邮编　610051
主　　页　www.uestcp.com.cn
服务电话　028-83203399
邮购电话　028-83201495

印　　刷　成都新恒川印务有限公司
成品尺寸　170mm×240mm
印　　张　11.75
字　　数　192千字
版　　次　2022年8月第1版
印　　次　2022年8月第1次印刷
书　　号　ISBN 978-7-5647-9880-2
定　　价　30.00元

前　言

本书主要研究海上应急中基于物理过程的海上溢油模拟方法，通过基于GPU的并行加速实现基于物理的实时海上溢油模拟及交互过程，各章具体内容安排如下。

第一章　绪论。本章阐述了选题背景和研究意义，对海上溢油模拟研究、基于NS方程的流体模拟方法和流固耦合方法进行了综述，指出现有方法的不足，构建了全书的技术路线。

第二章　流体模拟基础。本章介绍了基于物理模拟方法的基础理论，包括偏微分方程数值求解方法、差分方程有效性和稳定性、线性系统求解方法及数值模拟中误差度量的几种基本方法。这部分内容是本书的基础支撑部分，为后续的基于物理的流体模拟提供理论支持。

第三章　流体与移动复杂障碍交互模拟。本章提出了基于NBFLIP方法的移动复杂障碍处理方法。介绍了基于NS方程的流体模拟方法、基于SDF方法的复杂障碍离散以及进行移动障碍与流体交互方法的推导。

第四章　基于多相流理论的海上溢油过程模拟及交互。本章提出了基于NBFLIP-VOF方法的多相流模拟方法，介绍了基于积分平均格式的VOF模型方程求解方法、基于NBFLIP-VOF方法的多相流模拟及结果分析等。

第五章　并行流体交互模拟及可视化。本章提出了基于GPU加速的SDF复杂障碍并行离散方法和基于GPU加速的纹理投影方法，并对实现方法及结果进行分析。

第六章　基于物理过程的海上溢油模拟及应用。本章提出了基于物理的海上溢油模拟方法、基于纹理投影方法的海面溢油可视化方法及基于质点弹簧模型的海上围油栏建模方法及结果分析。搭建了海上溢油应急模拟原型系统，验证本方法的可靠性。

第七章　总结与展望。本章对本书研究内容和不足进行了总结，并对下一步研究进行了展望。

本书主要适合对海上溢油模拟感兴趣的研究人员、研究生使用。附录部分给出了部分算法的代码实现，可供读者参考。

由于作者水平有限，书中难免有不妥之处，还请读者朋友不吝赐教，欢迎各位专家批评指正！

邹长军
华东交通大学信息工程学院
2022年7月

摘　要

近年，海上溢油事故频发，海上溢油威胁严峻。提升海上溢油应急处置能力，加强海上溢油应急处置人员溢油应急培训已成为一个迫切需要解决的问题。采用模拟器进行海上应急模拟培训已经被证明是一个可行的方法。但就目前而言，模拟器中溢油模型普遍缺乏行为真实感，同时交互也不够灵活。为此，本书提出采用基于物理的流体模拟方法进行海上溢油交互模拟，进一步提升海上溢油模拟中的行为真实感。同时采用GPU进行关键问题并行加速求解，实现基于物理的实时海上溢油交互模拟。本书研究内容主要可以概括为以下几点。

第一，提出基于NBFLIP（Narrow Band Fluid Implicit Particle）方法的流体与移动障碍交互方法，解决了以往NBFLIP方法不能处理移动障碍交互的问题。基于物理的流体模拟以NS（Navier-Stokes）方程组为基础，结合偏微分方程基本理论，通过有限差分方法对NS方程组进行离散求解，这是基于物理的流体模拟主要思想。流体与障碍交互可以获得非常丰富的流体运动效果，因此流体模拟往往是与障碍交互相结合。但由于传统NBFLIP方法无法处理移动障碍交互，因而也就无法处理溢油与移动围油栏交互模拟。本书提出了基于带符号距离函数（Signed Distance Function，SDF）的复杂障碍离散方法，并推导了移动障碍条件满足的边界条件，实现基于NBFLIP方法的移动复杂障碍交互模拟，进一步扩展了NBFLIP方法的应用范围。

第二，提出NBFLIP-VOF（Volume of Fluid）多相流模拟方法，解决了传统NBFLIP方法不适用于多相流模拟的问题。海上溢油涉及多种流体之间的相互作用。为进一步提升海上溢油模拟行为真实感，本书提出了NBFLIP-VOF方法进行海上溢油模拟。在NBFLIP流体模拟框架下，结合VOF多相流模型对海上溢油进行模拟。由于以往的一阶精度数值格式存在较强的耗散，导致VOF模型方程求解容易发散。结合二阶精度的总变差不增（Total Variation Diminishing，TVD）数值格式进行VOF方程的数值求解，通过引入Super-Bee通量限制器实现海上溢油的数值模拟。最后，进行剪切流场中体积分数对流验证、基于VOF

模型的围油栏围油实验验证、多相流Rayleigh-Taylor不稳定基准实验验证等，证明本方法的可靠性。

第三，提出并实现了一种基于物理的实时海上溢油交互模拟方法，对海上溢油模拟中关键耗时问题进行GPU并行加速，解决了实时系统中海上溢油交互模拟计算效率问题。包括基于SDF方法的复杂障碍并行离散交互方法、基于纹理投影方法的海面溢油并行可视化方法。通过对这些高耗时问题进行并行加速，为海上溢油实时模拟及交互系统奠定基础。结合基于GPU加速的NS方程并行求解，实现了基于物理的海上溢油实时模拟及交互。

提出的基于物理的实时海上溢油模拟及交互方法，结合基于NS方程的流体模拟以及多相流理论进行海上溢油模拟，分析推导了基于NBFLIP方法的移动障碍边界条件，提出了基于NBFLIP方法的多相流模拟方法，通过GPU并行加速大大提升了流体模拟计算效率，最后通过搭建的原型系统验证了本方法的可靠性。

本书获得了国家自然科学基金“体积守恒的大尺度海上溢油流固耦合实时交互研究”（项目批准号62162027）资助。

目　录

第1章 绪　论

1.1　选题背景

近年来，随着海洋石油工业和海上石油运输业的迅速发展，海上石油勘探、开发、海底管线铺设规模不断扩大，石油设施已成为海洋环境污染的重大危险源。海上溢油事故早已成为全球重大社会问题和环境问题，随着各国船舶数量和石油运输量的持续增加，海上溢油风险不断加大，海上溢油事故造成的直接和间接后果都十分严重[1]。石油污染对海洋环境和海洋生物资源的危害相当严重，溢油污染事故会引起大面积海域水体缺氧，导致大量鱼虾和海鸟死亡。浮油被冲到海岸后会污染海滩，造成海滩荒芜，破坏海产养殖和盐田生产。进入生态敏感区域会导致保护区生态失调、危害滨海旅游区。若清理不及时还易引发爆炸和火灾、酿成更严重经济损失和人员伤亡。

例如2010年4月20日晚10点左右，美国南部路易斯安那州沿海一处石油钻井平台（深水地平线）起火爆炸，随后沉没。该次事故造成超过500万桶原油泄漏，事故损失总额超过616亿美元。此次溢油事故被认为是美国历史上最严重的油污大灾难，原油漂浮带一度长达200 km，宽100 km，污染导致墨西哥湾沿岸1000 km长湿地和海滩及渔业受损，脆弱物种可能灭绝[2]。

海上溢油事故频发，因此有必要对海上溢油活动进行更为细致的研究。了解海上溢油活动的大背景非常有必要，如全球经济对石化燃料特别是石油燃料的依赖、全球石化燃料的分布、历年溢油事故等，这些背景对于认识海上溢油有着非常重要的价值。

1.1.1　历年溢油事故

据国际油轮防污染联合会（ITOPF）统计，1970—2017年，大约有574万吨石油泄漏[3]。从1970年至今，全世界范围内发生的中等溢油事故（7～700吨）有1372起，平均每年27.44起；重大溢油事故（大于700吨）462起，平均每年9.24起[4]。图1.1中柱状图给出了每年重大溢油事故及中等溢油事故的数量。折线为每10年平均溢油数量。从图中可以看出虽然平均溢油数量从1970年的78.8次下降到2015年的6.6次，但是重大溢油事故仍然持续发生。

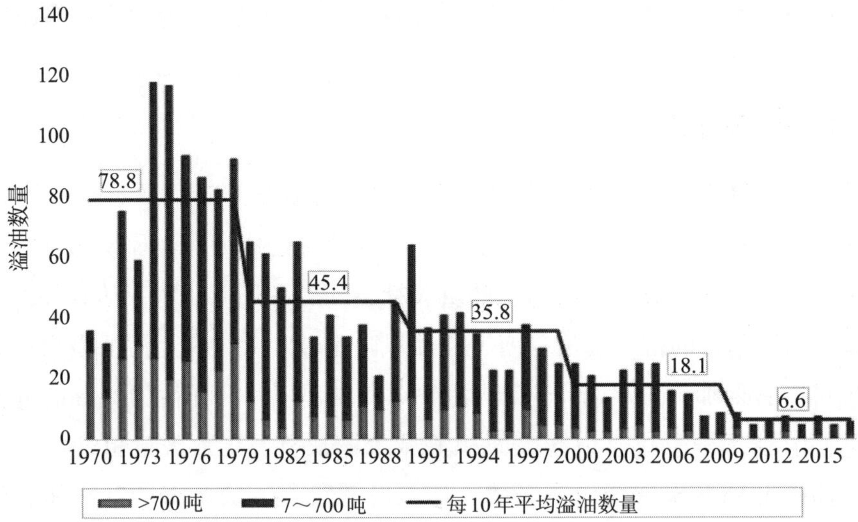

图1.1 历年溢油事故统计[4]

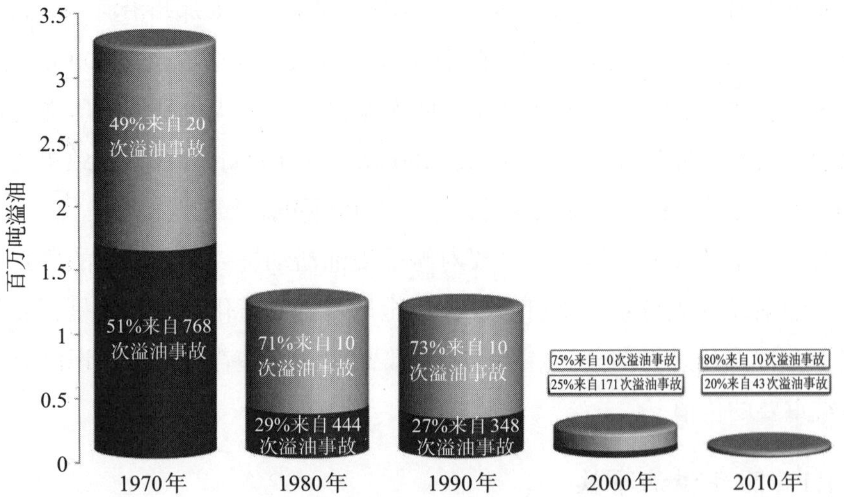

图1.2 重大溢油事故溢油量所占比例[4]

另据统计显示，由于全球经济增长对石油的依赖，海上石油运输活动依然呈增加趋势[4]，而更多的石油运输活动则预示着更高的溢油风险。虽然每年溢油事故数量呈下降趋势，但是重大溢油事故的溢油总量所占的份额却越来越大，图1.2显示了过去50年来重大溢油事故溢油量所占比例：1970年，49%的溢油量来自20次溢油事故，而后1980年、1990年、2000年和2010年的溢油事故中，分别有71%、73%、75%和80%的溢油是来自其中的10次溢油事故。从这里可以清晰地看出重大溢油事故占溢油总量的比例呈明显上升趋势，也就是说，虽然世界范围内溢油事故数量呈整体下降趋势，但是在数溢油事故中，重大溢油事故的威胁却越来越大，越来越明显。

1.1.2 海上溢油相关政策法规

谈到海上溢油相关的国际公约，就不得不说MARPOL 73/78（International Convention for the Prevention of Pollution from Ships， 1973 as modified by the Protocol of 1978）[5]，这是由国际海事组织（International Maritime Organization，IMO）提出的国际环保公约。其目的在于减少海洋污染，包括减少溢油污染和空气污染等。截至2022年1月，已有超过156个国家签署了该公约，占世界船舶总吨位的99.42%。MARPOL 73/78公约附则一为防止船舶溢油污染的规则，该附则已于1983年10月2日生效。该附则第26条明确规定大于等于150总吨的油轮以及大于等于400总吨的其他船舶都必须制订船舶油污应急计划（Shipboard Oil Pollution Emergency Plans，SOPEP）。该规则于1995年4月4日生效，适用于该规则所规定的所有现有船舶。该附则第5章第37条明确规定，船舶油污应急计划中必须包含船上人员在溢油事故发生时应立即采取的减少或控制溢油泄漏的详细措施。该计划的目的在于提升船舶对溢油事故的响应水平，当溢油发生时，船上人员应该熟知自己的职责。为响应该公约，中国船级社上海规范研究院也发布了《船上海洋污染应急计划编制指南》[6]。该指南中第2章2.7.9小节“计划”演习中指出，“如果使用计划的人员不熟悉计划，则计划毫无价值”，“计划一般应规定演习的频度，定期的演习将确保计划发挥预期的功能”，“如果船舶配备应急响应设备，船员操作这些设备的训练将大大增强应急响应情况的安全性和有效性”。

此外，2018年3月8日，国家重大海上溢油应急处置部级联席会议通过了《国家重大海上溢油应急处置预案》[7]，该预案于通过之日生效。国家重大海上溢油应急处置部际联席会议由交通运输部、外交部、发展改革委、工业和信息化部、公安部、军委联合参谋部作战局、海军、空军、武警部队及中国远洋海运集团有限公司、招商局集团有限公司等23个部门和单位组成，交通运输部为牵头单位。根据国务院指示和实际工作需要，也可以邀请非成员单位参加会议。该预案6.10小节“宣传、培训与演练中”中明确规定：“国务院有关部门、相关地方人民政府和企事业单位应当建立健全海上溢油应急管理和培训制度。加强海上溢油应急宣传教育和专业人才培养。国家重大海上溢油应急处置部级联席会议成员单位按照职责分工，负责组织预案的宣传，定期开展海上溢油应急演练，并负责组织对从事海上溢油应急管理和作业的人员进行海上溢油应急管理和技术培训。”

这些法律法规无一不在强调培训或者演练的重要性，只有通过不断的培训和演练才能让相关的溢油应急设备发挥更大的作用。可以设想，如果没有足够的培训，即便配备再多再先进的设备，也无法发挥其应有的作用。

1.1.3 航海模拟器与海上溢油应急模拟

航海模拟器经过几十年的发展，经历了从简单到复杂、从单一到综合的过程。按照挪威船级社（DNV）定义，航海模拟器（Maritime Simulator）[8]是通过模型手段，对某些状况的一种创建，以此模拟船舶操作中的不同态势。航海模拟器现已广泛应用于航海教育、培训以及相关领域工程论证和科学研究中。正是由于航海模拟器经过数十年的发展，取得了长足的进步，《STCW78/95修正案》（International Covention on Standards of Training，Certification and Watch-keeping for Seafarers，1978 as amended in 1995）与原《STCW公约》相比，增加了较多模拟器使用的相关规则。《STCW公约马尼拉修正案》[9]在2010年又一次修改并增加了有关模拟器使用的规则。

为应对不断增大的海上溢油风险，我国交通运输部和国家环保总局于2000年4月1日联合发布并实施了《中国海上船舶溢油应急计划》。2004年，根据国务院制订相关突发事件应急预案的要求，交通运输部在原《中国海上船舶溢油应急计划》基础上进行了较大幅度的修改，制定了《中国国家船舶污染水域应急计划》，将适用区域范围由海上扩大至所有水域，将污染物适用种类由油污扩大至油污和有毒有害化学品。在其指导下，截至2022年，上海、天津、辽宁、河北、山东、浙江、福建、广东和广西等9个省级船舶污染应急预案和沿海34个地市级应急预案已通过地方政府发布实施。为了加强各个沿海城市应急能力建设，目前我国各大主要港口都配备了溢油应急设备、应急指挥人员和作业团队。沿海主要港口已基本具备在港区和近岸水域内控制和清除中、小型规模船舶溢油事故的应急能力。

然而采用真实设备的应急演练方式不仅需要进行较大规模组织，耗费大量人力物力。而且这种应急演习内容具有一定的局限性，无法模拟尤其是恶劣天气下溢油事故，模拟事故场景比较单一[10]。

面对严峻的海上溢油形势，加强溢油应急人员培训和训练尤为重要。开展完整溢油应急演练具有如下优点。

（1）可以检验溢油应急人员对自己业务的掌握情况。溢油应急人员不仅需要了解自己在溢油应急中的职责，还应熟悉溢油应急总体流程，便于相关业务开展。

（2）检查应急流程合理性。在溢油应急演练中，对溢油应急总体流程有一个完整再现，不仅有助于应急人员特别是应急指挥人员对应急流程的整体把握，同时能够在实践中检验应急流程的合理性。

（3）发现应急预案潜在缺陷和不足。完善的应急预案是在实践中不断总结和完善的，只有不断开展应急演练才能提升应急预案整体水平。

开展海上溢油演练成本高昂，风险巨大，并且对环境具有一定危害性，因此结合虚拟现实技术的海上溢油模拟及培训具有重要的实际价值。在航海模拟器的基础上，余枫等[11]研发了一套海上搜救模拟器，其认为海上溢油应急仿真训练可提高和验证实际应对海上溢油事故的能力，海上溢油的实时仿真和可视化是海上搜救模拟器的重要组成部分。陈轩等[12]结合虚拟现实技术进行了溢油应急演练系统的开发，认为溢油应急演练对于提升应急预案的针对性、实用性和可操作性具有重要作用。

1.2 海上溢油模拟研究现状

海上溢油模拟的主要目的在于利用现代计算机技术对海上溢油过程进行模拟，以预测海上溢油运动规律。海上溢油模拟研究主要包括溢油模型研究、潮流场数值计算以及溢油可视化三大内容。其中溢油模型是海上溢油模拟研究的最基本问题之一，溢油模型主要研究溢油在风、流、浪等环境影响下的运动规律。潮流场数值计算主要研究潮波方程数值求解方法，通过数值计算的方法模拟海洋潮汐运动规律。在实际海洋中，海上溢油运动驱动力包括潮流场、风场、洋流和海浪等，但由于本书主要针对中小规模海上溢油进行研究，认为计算区域中潮流场为均匀流场，因此对大范围潮流场数值计算不做深入研究。溢油可视化主要研究溢油位置表达、溢油形态绘制以及如何更直观、更快速地进行海上溢油绘制。

1.2.1 溢油模型研究

根据已有研究，海上溢油模型主要可以分为两类：回归模型和对流扩散模型。回归模型是在实验基础上通过对实验观测结果进行回归拟合，早期溢油模拟主要采用的是回归模型。对流扩散模型主要是根据对流扩散方程进行溢油体积分数追踪。随着计算流体力学技术的发展以及数值格式的不断完善，对流扩散模型越来越受到人们的重视。

（1） 溢油扩展回归模型

海上溢油复杂多变，不仅涉及海上溢油数学模型的建模，还涉及复杂海上环境的建模。准确模拟海上溢油是一件非常困难且具有挑战性工作[13][14]，溢油在海洋环境中的行为和归宿主要可以归结为三类：①扩展过程：是指海面油膜由于其自身的特性导致厚度变薄，面积增加的过程。② 输移过程：是指溢油在水动力条件作用下的运动过程，包括水平和垂直方向的运动。③风化过程：是指溢油在物理、化学及生物等环境下发生性质改变的所有过程，主要包括蒸发、乳化、消散、光氧化和生物降解等过程。由于风化过程时间较长，而本书的研究主要关注中短期过程，如扩展过程及输移过程，对风化过程不做深入研究。

在溢油扩散阶段，人们主要关注溢油面积增加和油膜厚度变化。溢油模拟相关研究在国外开展得较早，如以自由海面上溢油模型为基础，只考虑重力和溢油体积影响，忽略表面张力和黏性力得到油膜直径计算经验公式[15]。费伊[16][17]在溢油扩散方面进行了开创性研究，提出改进的考虑重力、黏性力和表面张力对溢油自身的作用[17]。而后在此基础上出现了一系列改进的溢油数学模型，如考虑油膜厚度因素[18]对海上溢油速度的影响、瞬时溢油及连续溢油对溢油扩展的影响[19]、风场对油膜非对称扩散的影响[20]-[22]及对经典的三阶段溢油模型进行加权平均[23][24]的组合模型研究等。

溢油扩展回归模型主要根据实验测定的结果进行回归拟合，例如其中最为著名的Fay三阶段扩展模型[16]就是将黏性力、表面张力及惯性力等作为其中的输入变量进行拟合。而后虽然出现了一系列的改进，如更精确地考虑不同油膜厚度对扩散速度的影响，分别对厚油膜和薄油膜进行拟合[18]；考虑风场对油膜的非对称扩散影响，尤其是体现风场在油膜长轴方向的拉长作用[20]等。但是，这些模型的基本思想仍然是一样的，都离不开实验测定的数据。这些模型对于研究海上溢油扩展规律有一定的价值，但是很难实现海上溢油的扩散交互模拟，即无法考虑溢油与障碍物或者围油栏、收油机等之间的交互影响。而在实际应用中，这些交互又是必须考虑的问题，因此现有的回归模型具有很大的局限性。

（2）溢油对流扩散模型

从已有研究可以看出，早期溢油扩散建模主要采用经验公式进行回归拟合，而近期溢油模拟主要是采用对流扩散模型。与回归模型相比，对流扩散模型具有更高的灵活性。以往的回归模型通常认为溢油扩展的形状为圆形或者椭圆形，这在实际应用中不便于处理溢油与应急设备的交互。而对流扩散模型则对溢油扩散的形状没有要求，因此可以处理更加复杂的溢油形状的交互。另外，对于在流场或者风场中的扩散，以往的回归模型只适用于最外层多边形节点，不便于将流场或者风场反映到内部节点中。而对流扩散模型则不存在这样的问题，流场或者风场可以方便地反映到求解区域内的所有位置。因此，对流扩散模型适合于更加复杂的交互应用。

对流扩散模型是指用对流扩散方程进行海上溢油输运过程进行描述的模型。该模型通常以对流扩散方程为基础，以偏微分方程数值求解为手段进行海上溢油过程数值求解。对流扩散溢油模型的求解方法主要有欧拉法和拉格朗日法。

欧拉法是基于固定空间网格，在网格节点上进行偏微分方程离散求解。该方法通常采用固定空间网格，数值通量在网格节点之间传播。欧拉方法包括有限差分法（Finite Differential Method，FDM）、有限元方法（Finite Element Method，FEM）、有限体积法（Finite Volume Methods，FVM）等。

拉格朗日方法也称为无网格方法，该方法基于空间粒子，属性信息如速度、压力、能量等由粒子携带，偏微分方程在空间粒子之间进行离散，通量信息在粒子之间进行传播。

与对流扩散溢油模拟相关的研究有粒子追踪方式[25]-[29]、考虑对流和湍流扩散、考虑表面油膜厚度的影响[30]-[32]、基于体积分数的溢油模拟[33]、考虑岸线残留和溶解过程[34]、考虑潮流场及波浪等环境对溢油的影响[35]-[37]、河流中的溢油模拟[38]-[40]、海上船舶溢油数值分析[41]-[43]、水下溢油[44]、自由液面与海面溢油交互模拟[45]、溢油与围油栏交互[46]-[52]等。

对流扩散溢油模型研究主要集中在溢油追踪方法、不同环境因素对溢油的影响及环境影响建模、溢油数值模拟等方面。追踪方法包括粒子追踪法和体积分数法。粒子追踪法是一种拉格朗日方法，该方法是一种无网格方法，可以不受网格分辨率的限制。但是在进行连续油膜追踪时，该方法很难重构出油膜界面，容易出现破碎。而体积分数法可以解决这个问题，可以模拟连续的油膜扩散效果，且界面重构更加容易，缺点是界面重构精度容易受到网格分辨率及时间步长的限制。

环境因素对溢油的影响主要包括岸线残留作用[34]、潮流场及波浪场耦合[35]-[37]、河流中流场对溢油的影响[38]-[40]。其中潮流场模型主要有普林斯顿海洋模型（Princeton Ocean Model，POM），水动力模型（Finite-Volume，primitive equation Community Ocean Model，FVCOM）等。就海洋潮流数值计算而言，一般采用网格划分的方式将计算海域进行等间距划分，由于计算区域较大，网格间距常在1～5 km，也就是说，通常认为每个网格区域内的流场是均匀的。

溢油数值模拟包括水下船舶溢油、水下管道溢油等、溢油与自由液面及围油栏等障碍物交互等。这些方法的共同点是关注溢油泄漏点附近的流场，也就是关注的区域相对较小。孙添虎、封星、戴明权[46]-[51]等主要关注溢油区域及围油栏附近区域流场。这些方法并不太关注大范围的潮流场对结果的影响，这是由于该方法的计算区域相对较小，在给定的计算区域内可以认为潮流场是一致的，因此对于流体交互而言，单独考虑大范围的潮流场数值计算并不是必需的。孙添虎、封星、戴明权[46]-[51]等采用的方法与本文所采用的方法也是最为接近的，即通过NS方程对局部范围流场进行数值求解，采用额外的多相流模型进行溢油运动追踪，通过这种方式实现溢油围油栏等应急设备之间的交互。

（3） 溢油漂移模型

海上溢油漂移模型是指描述海面溢油在风力作用下平移输运过程的模型。早在1972年，霍尔特[53]建立了油膜漂移方程，考虑了风流对油膜运动的影响，可以用于计算油膜边缘上任意点在不同时刻及不同方向上的漂移速度，该模型中风速采用的是离海面10 m处的风速。1975年，威廉姆斯等[54]人考虑地理纬度对漂移的影响，建立溢油漂移模型，该模型考虑风和海流对漂移的影响。同时该模型包括近海和外海两种计算模式，其中近海风速资料采用陆地观测站的资料，外海风场采用海洋观测站的资料。1977年米勒等[55]利用流体动力学模型和风速模型联合求解海流速，从而预测油膜运动轨迹。其中风速模型根据风应力压强梯度和科氏力平衡建立，该模型还考虑了水面附近压力摩擦对溢油漂移的影响。1982年，万肇忠等[56]在实验基础上对石油在海洋中的扩散和漂移进行研究，并且测定了霍尔特方法中的风漂流系数。1983年，韦伯等[57]人考虑地球自转和风的影响，建立溢油漂移模型，并且通过实验得出风引起的漂流速度为风速的3.1%～3.4%，风引起的漂角为23°～30°，同时该模型还考虑了表面流场对漂移的影响。1993年，尤瑟非和斯波尔丁等[58]考虑一阶波浪引起的一阶湍流的影响，建立溢油漂移模型，该模型采用湍流闭合模式，并且考虑了浅水效应的影响。2007年，庄学强等[59]结合椭圆扩展模型和油粒子模型对溢油扩散漂移过程进行模拟，为应急决策提供科学依据。2012年，李大鸣等[60]等提出了考虑油膜蒸发、油膜乳化影响的油膜扩展、迁移和衰减的海上溢油模型，并结合水动力数学模型，建立了在潮汐、风浪作用下油膜运动海上溢油数学模型。

溢油在风场中的运动并不是沿着风向运动，而是存在一定的漂角[53]。同时，地理纬度[53]、科氏力[55]及地球自转[57]等对海上溢油漂移运动也有一定的影响。在实际应用中，可以根据自身需求及实际情况考虑不同主要因素的影响。

1.2.2 海上溢油模拟系统及可视化方法

在海面溢油可视化方面，现有海面溢油可视化成果主要是采用油粒子方法和平面反射技术。

早期主要是基于二维显式可视化，如：2002年刘彦呈等[61][62]在电子海图上对溢油运动进行模拟，并结合围油栏布放进行海上溢油交互模拟及二维可视化，其中海上溢油可视化通过油粒子方法实现。在系统运行时，需要先预报流场和风场为溢油模型提供驱动力，然后可通过溢油模型预测短时间内溢油将影响的敏感区域，为海上溢油应急处理提供辅助决策。2005年，熊德琪等[63]提出溢油应急预报信息系统，该系统为珠江口海域溢油提供应急预报。其中包括潮流解算、三维溢油模型、电子海图和地理信息系统结合的可视化系统等。可以显示海上溢油的漂移和扩散变化过程，还可以同时显示环境敏感信息和应急人员的布置情况等。2005年，德尔加多等[64][65]提出溢油模拟与控制系统，该系统扩展了基于拉格朗日方法的海上溢油模拟，引入油粒子之间的相互作用。该方法可以将海岸线以及围油栏的影响考虑到已有模型中，该系统可以模拟多船拖带围油栏对海上溢油的影响，同时考虑了多种环境对溢油的影响，可以用于海上意外溢油事故模拟。2007年，庄学强等[59]采用油粒子方法实现了基于Mapinfo MaxX控件的溢油可视化系统。该系统可叠加港口海区图、港口城市地形图、敏感资源专题图等。在进行溢油可视化时需要单独建立一个空白专题图，然后在其上进行油粒子绘制可视化。2008年，珀科维奇等[66]搭建了溢油模拟处置的综合系统，在受到应急溢油威胁时，可以用于进行演练或培训。该系统考虑了复杂海岸线对溢油的影响，还考虑了溢油与应急设备之间的交互，可以采用实时或者快速模式进行海上溢油模拟。2008年，余枫等[67][68]在三维图形引擎（Open Scene Graph，OSG）中采用纹理烘焙和平面折射技术实现溢油运动实时仿真与三维可视化，并且在海上搜救模拟器中通过碰撞检测算法实现了溢油与小岛及围油栏的交互。但其中交互过程缺乏物理真实感，而且围油栏并没有模型进行驱动。2009年，任鸿翔等[69]利用平面反射技术实现海面溢油三维可视化，在实现过程中首先根据溢油椭圆扩展模型和油粒子模型分别计算出各个阶段的溢油轨迹，其中油粒子模型采用粒子系统实现，而后采用平面反射技术将模拟结果映射为溢油纹理，然后通过片元着色器实现海上溢油三维可视化。该方法与余枫等[67][68]的方法一样，缺乏交互功能。2012年，吕憧憬等[70]设计并实现了一个具有一定沉浸感的，结合了地理信息系统的近海溢油可视化信息系统。该系统采用开源碰撞检测引擎实现油粒子与围油栏之间的交互，该工作实现了水下及水面溢油可视化，不足之处和余枫[67][68]等人的方法一样，溢油与围油栏交互缺乏物理真实感，围油栏没有模型驱动。2013年荣占东[71]采用蒙特卡罗法对海上溢油进行模拟，并搭建了基于地理信息系统的海上溢油模拟系统，可以对溢油位置、漂移速度、轨迹、方向进行实时模拟。在该系统中，溢油可视化采用油粒子方法来实现，可视化平台是基于MapX控件实现的。2013年，李久松[72]采用油粒子方法在i4Ocean（透明海洋可视化原型系统）渲染引擎中对海上溢油进行可视化，其中海上溢油模拟及可视化采用粒子系统实现，同时为了提升渲染效率，采用GPU加速实现及内存外存调度算法提升大规模粒子渲染效率。

在以往的海面溢油可视化方法中，主要是采用平面反射算法进行可视化。但是该方法存在以下问题：首先，该方法是根据镜面反射原理，同“水中倒影”一样将可视化对象反射到海面，但是可视化效果容易受到入射角和反射角的影响，也就是说海面溢油可视范围容易受到观察者的观察角度及海面背景影响，存在着一定的“盲区”，特别在靠近溢油区域尤为明显；其次，采用油粒子方法绘制的溢油块不连续，无法再现成片溢油整体可视化效果；最后，现有油粒子方法虽然能够对单个粒子设置油膜纹理，但是无法实现不同油膜纹理映射效果，不能体现不同油品溢油扩散效果。因此，现有油粒子方法虽然能够模拟海上溢油效果，但其可视化效果仍然不够理想。

2018年，邹长军等[73]-[76]提出采用多边形方法结合纹理烘焙进行海上溢油可视化。通过经典的溢油扩散模型对各个多边形顶点进行驱动，采用多边形裁剪方法实现溢油与围油栏之间的交互，将溢油多边形进行纹理烘焙得到油膜纹理，然后采用纹理投影方法将溢油多边形纹理投影到海面上进行可视化。

与余枫等人的方法相比，该方法可以实现更加丰富的油膜效果，可以根据不同油品油膜进行可视化。但该方法是采用基于几何方法实现交互，即通过多边形裁剪实现油膜与围油栏及其他溢油应急设备的交互，其物理真实性依然不足。

1.3 基于NS方程的流体模拟研究现状

现有的流体模拟方法主要可以分为三大类：基于物理的方法、基于统计合成的方法和最近几年发展起来的基于机器学习的方法，如图1.3所示。

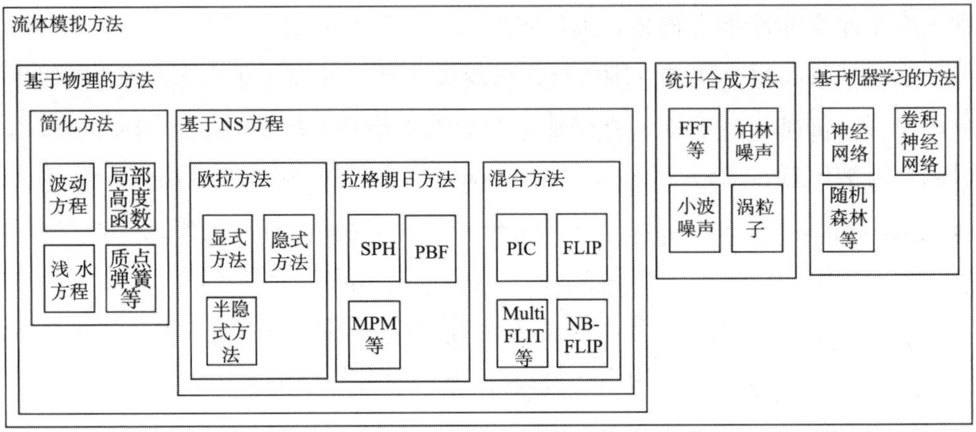

图1.3 流体模拟方法

1.3.1 单相流模拟现状

（1）基于物理的方法

基于物理的方法是流体模拟的主要方法。早期由于受限于计算机的计算能力，主要采用简化的方法进行流体模拟，包括采用波动方程[77]-[82]、浅水方程[83]-[90]或采用局部高度函数方法[91]-[94]等替代NS方程进行流体模拟；此外还有采用基于质点弹簧模型的方法进行流体模拟[95]-[96]，其思想是把流体看成是一个质点弹簧系统，认为流体运动就是在外力作用下发生上下起伏的过程。以上方法虽然都可以模拟流体垂直方向的运动，但很难模拟水平方向的运动。

计算机硬件的快速发展，使得求解基于NS方程的流体模拟成为可能。目前，基于NS方程的流体模拟也是当前的主流方法。基于NS方程的流体模拟方法主要又可以分为三大类：基于网格的欧拉方法、基于粒子的拉格朗日方法和两者方法相结合的混合方法。

欧拉方法通常采用固定网格进行NS方程求解。福斯特等[97]是计算机图形学

（Comtuter Graphics，CG）领域用有限差分方法求解三维NS方程组的先驱，并且实现了精细的三维流体交互效果。之后斯塔姆[98]提出采用半隐式方法求解NS方程中的对流项，从而实现了无条件稳定的数值模拟，它已经成为欧拉方法流体模拟的标准框架。全隐式方法由于需要求解大型线性系统方程组，计算量非常大，在计算机图形学领域应用较少。

基于粒子的拉格朗日方法将流体离散成一系列具有速度、密度等物理属性的粒子，通过研究单个粒子的物理属性随时间的变化情况，并追踪粒子运动获得整个流体运动的效果。典型的拉格朗日方法有光滑粒子流体动力学方法（Smoothed Particle Hydrodynamic，SPH）、基于位置的方法（Position Based Fluids，PBF）、物质点方法（Material Point Method，MPM）等。

SPH方法最初由莫纳汉[99]提出，是近20多年来逐步发展起来的一种无网格方法。该方法的基本思想是将连续的流体（或固体）用相互作用的质点来描述，各个物质点上承载各种物理量，包括质量、速度和压力等，通过求解质点的动力学方程和跟踪每个质点的运动轨迹求得整个系统的力学行为。此后该方法被推广应用到泡沫和飞溅效果、自由表面及多相流等模拟中。

PBF方法[100][101]与以前的基于力学的方法不同，它是根据物体位置（空间坐标）间的制约条件直接更新物体位置（传统的基于力学法则是根据控制方程，按照加速度—速度—位置的顺序逐步变更），因此不会产生在传统力学方法中由逐步积分所产生的误差积累。但是，由于这种方法中顶点及粒子的位置关系所遵循的制约条件属于几何学的范畴，严格意义上来讲不属于物理模拟。

混合方法主要有PIC法（Particle in Cell Method）、FLIP法（Fluid Implicit Particle Method）、MultiFLIP法（Multiple Fluid Implicit Particle Method）和NB-FLIP法（Narrow-Band Fluid Implicit Particle Method）等。

PIC法[102]与网格方法的主要区别在于对流项的处理上。PIC法中需要在网格中布置粒子，通过拉格朗日方法来处理对流项，具有更小的耗散。因此PIC法具有欧拉方法和拉格朗日方法的特点。

FLIP法[103]最早由布拉克比尔引入计算机图形学领域，该方法是基于PIC方法的。FLIP法与PIC法的主要区别在于FLIP法是将网格速度变化量插值到粒子中，而不是变化后的速度，该方法几乎消除了数值耗散。

MultiFLIP法[104]是在FLIP方法的基础上通过引入多组水平集方程对多相流界面分别进行追踪，从而实现多种流体的模拟。

由于在FLIP法中，需要在网格中布置粒子来对界面进行捕捉，但是实际中大量粒子对界面的重构并没有贡献，因此弗斯特提出NBFLIP法[105]进行流体模拟。该方法在界面附近的一个狭窄的边界内（Narrow Band）内布置粒子，而不是在全部网格中布置粒子。NBFLIP方法在降低计算量的同时并没有降低细节模拟精度，具有广阔的应用前景。

（2）统计合成方法

统计合成方法的主要思想是根据流场的特点通过人为的方式进行特征的生成，最后得到与实际流场相符或相近流场的方法。其中比较典型的方法就是快速傅里叶变换（Fast Fourier Transformation，FFT）法。该方法通过在频域构建满足统计观测结果的频谱，再根据该频谱得到频域流场，而后通过傅里叶逆变换（Inverse Fast Fourier Transformation，IFFT）得到时域中满足相应统计条件的流场。

另外一种经典的合成方法是由柏林提出的，称为柏林噪声方法[107][108]。该方法通过随机方法得到满足给定统计规律频率的伪随机场，同时可以通过不断增加倍频来丰富流场频率信息，得到更加丰富的随机效果。由于柏林噪声中的噪声函数具有连续偏导数，通过该方法对得到的噪声场进行旋度运算可以得到无散流场，这就是柏林噪声方法的主要思想。

在柏林噪声方法的基础上，库克等[109]人提出了小波噪声方法。该方法的改进之处是在噪声场的生成上。由于柏林噪声方法得到噪声场频带很宽，也就是说该对频率的带通过滤效果实际上不理想。而小波方法得到的噪声场具有更窄的频带，生成的流场具有更好的频率特性[110][111]。

涡粒子方法（Vortex Particle）[112]与柏林噪声方法具有一定的相似性，都是通过对涡量取旋度得到无散的流场。而涡粒子方法除了可以通过柏林噪声方法或者小波噪声方法进行涡量初始大小的设置以外，涡粒子还可以在流场中运动，涡粒子之间的涡量还可以进行叠加，因此可以获得更加复杂的流场，比如湍流效果等，而且实现也简单[113]。

（3） 基于机器学习的方法

基于机器学习的方法是近年发展起来的，该方法的主要思想是通过机器学习算法来学习流场中的特征，然后通过学习到的知识来生成所需的流场。目前主要有基于随机森林的方法、基于神经网络的方法和基于卷积神经网络的方法。

随机森林可以用于求解回归和分类问题。其中递归森林（Regression Forest）方法[114]是一种特殊的随机森林方法，由于采用树形存储结构，该方法能够节省计算时间和存储空间，可以用于非线性问题的求解。

神经网络（Neural Networks，NN）方法[115]是模拟人脑结构的一种学习算法，通过后向传播（Back Propagation，BP）算法将误差向后传播，采用梯度下降算法不断调整各个神经元的权重来减少误差，最后实现学习的目的。在神经网络方法中，由于每个神经元都有自己的权重参数，因此存在权重系数众多、计算量大等问题。

卷积神经网络（Convolutional Neural Network，CNN）方法[116]是在神经网络方法的基础上发展起来的，该方法在网络中增加了若干卷积层（Convolutional Layer）和池化层（Pooling Layer）。卷积层的目的在于特征提取，因此卷积神经网络自身就有特征提取的功能，大大降低了开发人员对特征处理的难度。池化层的目的是通过特定的下采样方法来降低特征的维度，降低计算量；同时每一层的权重参数共享，大大降低了需要学习的参数数量，减少了计算量。

1.3.2 多相流模拟研究现状

与单相流模拟相比，多相流模拟具有新的挑战性。如图 1.4 所示，多相流模拟方法从宏观和微观的角度分为两大类：宏观有基于连续介质力学的方法，微观有基于统计分子动力学和基于玻尔兹曼方程的介观层次模拟方法[117]。

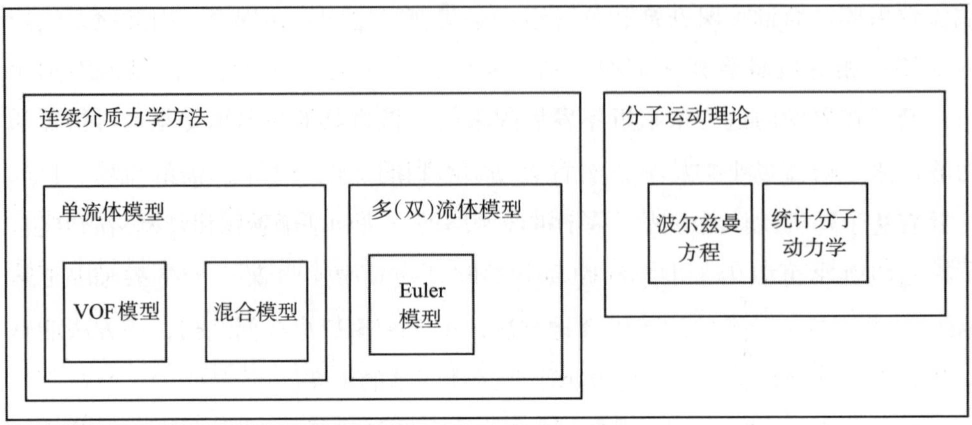

图1.4 多相流模拟方法

宏观方法以连续介质假设为基础，将两相流或多相流中各相都视为连续介质流体，根据每一相的质量、动量和能量宏观守恒方程以及相间相互作用，建立两相流的基本运动方程组，再利用这些基本方程组去研究分析各种具体的两（多）相流问题。通常，连续介质力学方法主要是基于NS方程，可模拟流体与流体、流体与固体颗粒等之间相互运动。

统计分子动力学是分子层次的模拟方法，主要是依据牛顿力学来模拟分子体系的运动。在分子体系不同状态构成的系统中抽取样本，从而计算体系的构型积分，并以构型积分为基础进一步计算体系的热力学量和其他宏观性质。

介观层次的方法主要是以玻尔兹曼方程为基础，这种微观方法可以作为一级近似，从玻尔兹曼方程导出宏观描述的基本方程，对连续介质理论基本方程的有效性取得一些指导性原则。同时还可以给出关于黏性系数、导热系数等输运系数以及有关颗粒分布、内能等概念和状态参数的重要知识。

在图形学领域，多相流研究的问题主要集中在多相流各相间界面的追踪方法上。多相流模拟界面追踪方法主要有水平集方法（LevelSet）[118]、粒子水平集方法（Particle LevelSet）[119]和VOF方法[101][120]等。水平集方法由费德里克等[118]引入计算机图形学领域中，但其存在流体体积不守恒、高曲率细节可能被抹去等缺点。为了解决细节界面丢失问题，恩莱特等[119]提出了粒子水平集方法，其采用粒子对自由液面进行追踪，而后研究者将其扩展到融化和燃烧以及多相流模拟中。基于水平集方法的多相流模拟往往需要对各组水平集变量分别进行追踪，它需要计算的变量众多，且各组水平集变量之间存在耦合，因此该方法能够支持的相的数量受到一定的限制。另外，该方法容易导致界面处的表示矛盾，而且在界面附近变量求解不容易收敛。再者，其界面追踪处理采用基于几何的方法，缺乏物理依据，容易导致非物理现象。

VOF方法[120]不是跟踪液体之间的界面运动，而是跟踪每相的体积分数或者浓度。而流体体积方法可以模拟可混溶和不可混溶流体运动。VOF最早由米勒等[101]引入计算机图形学领域，此后Bao等[120]发展了基于VOF的多相流模拟。VOF方法的主要特点是可以通过体积分数进行界面重构，并且体积分数能够守恒。该方法不仅适用于多相流模拟，还可以通过动态调整黏度和扩散系数获得不同的混合效果，此外还可以进行诸如气泡运动模拟。

1.3.3 流固耦合研究现状

流固耦合作用是自然界客观存在的一种特殊现象，是指流体与固体之间的相互作用。如图1.5所示，按照流固耦合中固体是否可变形可以分为流体与刚体耦合和流体与软体耦合。按照固体运动求解方法又可以分为欧拉方法和拉格朗日方法，此处的分类是指固体的运动求解方法，而不是流体的运动求解方法。按照流固耦合程度又可以分为单向耦合和双向耦合，单向耦合又可以分为流体的单向耦合及固体的单向耦合。单相耦合只考虑一个方向的耦合，即只考虑流体对固体的作用或者只考虑固体对流体的作用；双向耦合考虑流体对固体及固体对流体的相互作用。

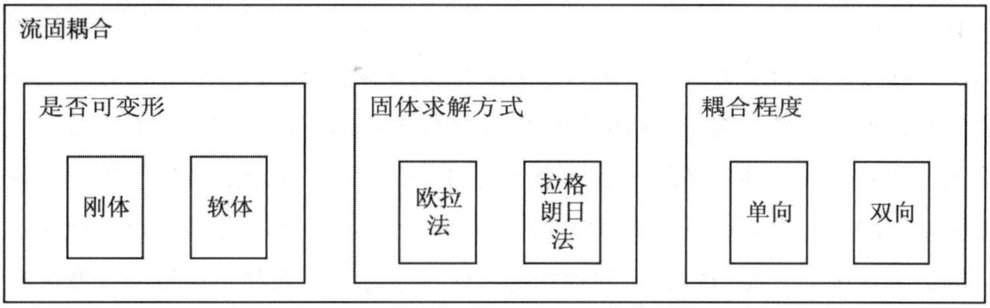

图1.5 流固耦合分类方法

计算机图形学领域的流固耦合模拟也经历了从简单到复杂的过程。Chen等[121]提出一种适用于计算机图形学领域的、基于物理的三维流场建模和交互方法。采用CFD方法求解二维NS方程，根据相应压力场映射得到三维流场，该方法获得了一定真实感的流场交互模拟，同时避免了求解三维NS方程组需要大量计算的问题。该方法中流体与固体障碍交互通过不可穿透条件实现，该方法实际求解的是二维NS方程，虽然实现了流体与固体障碍的交互，但真实感有待提升。

2004年，卡尔森等[122]提出了刚性流体方法概念，该方法采用统一的方法处理固体障碍和流体，也就是说该方法在计算时将固体障碍也当作流体一起进行处理，而后通过相应的固体障碍限制条件对流场进行限制。该方法实现了丰富的双向流体耦合效果，但是在进行流体的固体障碍条件限制时，其处理过程较为复杂。2005年，古德尔曼等[123]提出了处理流体与可变形薄体交互方法。以往的流体模拟方法中，与薄体进行交互时容易发生穿透现象；而该方法的主要贡献在于提出采用光线投射（Ray Cast）方法进行流体与障碍的碰撞检测，通过连续的碰撞检测来改善流体穿透现象。而后Chentanez等[124]、巴蒂等[125]提出了双向耦合的隐式方法。该方法分别构建了流体和刚体或软体满足的动力学条件，而后通过联立求解线性方程组实现流体与障碍的双向耦合。但是该方法需要求解大型线性方程组，计算量较大。2008年，罗宾森等[126]在此基础上进一步考虑流体与边界障碍附近的动量交换，模拟结果具有更好的物理真实感。以往的边界障碍求解方法都是基于拉格朗日方法，2011年，莱文等[127]提出了基于欧拉方法的固体求解方法。该方法不需要显式追踪表面，可以获得较好碰撞检测精度。通过材料力学的方法，引入应力来计算障碍的变形，可以充分利用材料力学相关理论进行不同材料特性的设置，具有一定的便利性。2013年法恩等[128]提出结合欧拉方法和拉格朗日方法进行边界障碍处理，该方法需要维护一个背景网格，同时每个障碍需要分别建立一套移动的网格。边界障碍通过自身的移动网格进行离散，而后再映射到背景网格上。这种方法兼具了拉格朗日方法和欧拉方法的特点。2016年，邓熙圣等[129]在莱文等[127]的基础上，提出采用隐式格式进行数值计算，可以在保证稳定性的前提下采取更大的时间步长。2016年Lu等[130]提出采用投影方法对模型进行简化，用简化后的方法对水体生物实现了生动的模拟，该方法与原始方法相比可以节省大量的计算时间。

但是采用欧拉方法对边界障碍进行离散的时候，由于网格分辨率的限制，在边界附近不可避免地会出现锯齿现象，这种锯齿现象会导致流体与障碍交互时出现边界检测不精确，进而会导致流场求解异常、界面重构失真等问题。

1.4 现有方法存在的问题

基于物理的流体模拟取得了一定的成果，但需要将基于物理的流体模拟与海上溢油模拟相结合，尤其是考虑流体与移动障碍交互、多相流模拟及基于物理的实时流体模拟等，依然存在以下问题。

（1）NBFLIP方法是一种改进的FLIP方法，它结合了欧拉方法和拉格朗日方法在流体模拟中的优势。但是目前的NBFLIP方法只适用于静止障碍交互，对移动障碍交互并不适用；同时由于实时系统对帧率有较高的要求，以往的障碍交互方法无法满足实时系统交互要求。

（2）NBFLIP方法是一种单相流模拟方法，而海上溢油交互模拟涉及多种流体之间的交互，例如：如何将现有的流体模拟方法与多相流模型进行结合，如何将多相流模拟与海上溢油模拟相结合并将其应用于实时系统中都需要进行更深入研究。

（3）基于物理的流体模拟具有很大的计算开销，如NS方程求解、复杂障碍离散交互及海面溢油可视化等，而实时系统帧率不能低于25帧/秒，如何将基于物理的流体模拟应用于实时系统仍然有许多问题需要解决。

1.5 本书主要研究内容及技术路线

本书针对海上溢油模拟及可视化、基于多相流理论的海上溢油模拟和基于GPU加速的实时流体模拟等问题进行研究，最终实现基于物理过程的海上溢油实时模拟，并搭建原型系统，验证本书提出算法的可靠性，主要研究内容和技术路线如图1.6所示，主要内容包括单相流模拟及交互、多相流模拟、GPU加速及基于物理的海上溢油实时模拟四个部分，共同组成了本书的整体框架。

（1）流体与移动复杂障碍交互模拟

基于NS方程的流体模拟是基于物理的海上溢油模拟的基础。海上溢油与障碍交互过程通过NS方程的边界条件实现，该交互包括海上溢油与围油栏之间的交互、海上溢油与收油船之间的交互等。NS方程边界条件的实现以障碍物的离散为前提，结合粒子或者网格将边界条件输入离散后的线性系统中。这是实现流体模拟与障碍交互的基本思路。其中流体模拟通过NBFLIP方法实现，障碍离散采用SDF（Signed Distance Function）方法进行。

（2）基于多相流理论的海上溢油过程模拟及交互

海上溢油模拟涉及多种流体之间的交互，而传统的单相流模拟方法已经不能适用。多相流模拟与单相流模拟的主要区别在于多相流模拟中需要对其中的每一相分别进行追踪。通过VOF多相流模型进行流体体积分数的追踪。通常数值格式都存在一定的耗散，这会导致多种流体之间的交界面模糊。为了改善数值耗散导致的界面模糊问题，需要对分界面进行重构，这就是基于积分平均格式的多相流界面追踪方法所要解决的问题。VOF多相流模型是一种经典单方程多相流模拟方法，也就是说该方法中流场控制NS方程只有一组，在多相流模拟中需要分别对每相流体的体积分数、黏度和密度进行追踪，这就是NB-FLIP-VOF方法要解决的问题。

（3）并行流体交互模拟及可视化

实时系统通常具有不低于25帧/秒的帧率要求，这就要求系统每帧运行时间小于等于0.04 s。而流体模拟涉及复杂的NS方程数值求解、多相流界面追踪以及可视化等内容。采用基于GPU的串行求解方法显然无法满足实时系统的性能要求，这也就要求我们研究更加高效的并行求解方法来解决这个问题。本书研究基于GPU加速的并行NS方程求解方法、基于GPU加速的并行围油栏障碍离散方法及基于GPU加速的纹理投影方法进行海上溢油可视化。

（4）基于物理过程的实时海上溢油模拟及应用

在前三项研究内容的基础上，该研究还结合GPU并行加速实现基于物理的流体实时模拟及交互。考虑到海上溢油的实际情况，由于围油栏通常采用锚泊固定或者缓慢拖带的特点，通过适当降低围油栏SDF更新频率，结合实时流体模拟方法及并行围油栏交互实现基于物理的海上溢油实时模拟。还提出基于质点弹簧模型的围油栏运动建模方法，对围油栏SDF不同更新频率下系统运行帧率分别进行研究。这部分内容是前三项内容的应用和扩展。

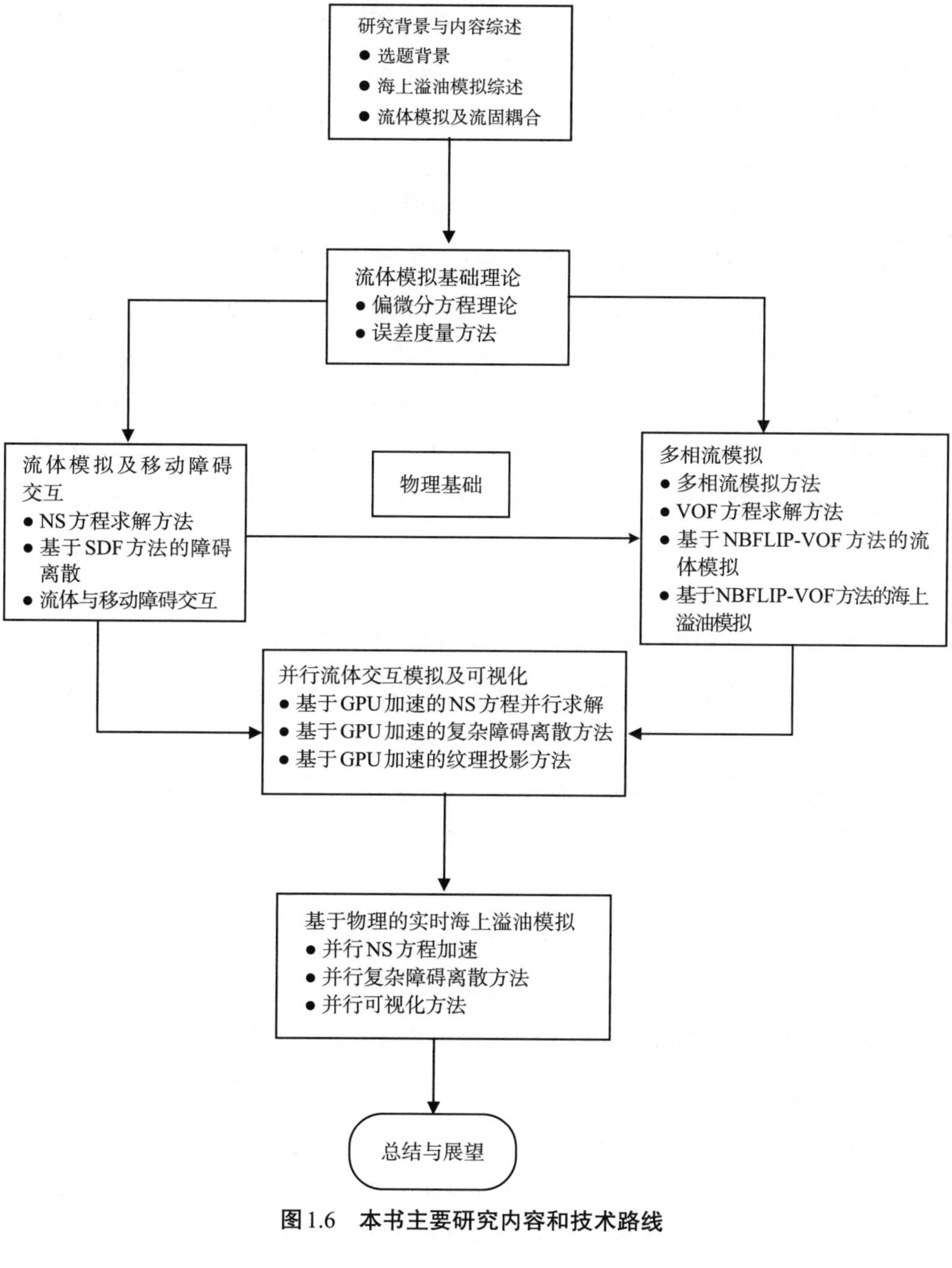

图 1.6　本书主要研究内容和技术路线

1.6 全书章节安排

各章具体内容安排如下。

第1章，绪论

本章阐述论文选题背景和研究意义，对海上溢油模拟研究、基于NS方程的流体模拟方法和流固耦合方法进行综述，指出现有方法的不足，构建全书的技术路线。

第2章，流体模拟基础

本章介绍基于物理模拟方法的基础理论，包括偏微分方程数值求解方法、差分方程有效性和稳定性、线性系统求解方法及数值模拟中误差度量的几种基本方法。该章内容是本书的基础支撑，为后续的基于物理的流体模拟提供理论支持。

第3章，流体与移动复杂障碍交互模拟

本章提出基于NBFLIP方法的移动复杂障碍处理方法，介绍基于NS方程的流体模拟方法、基于SDF方法的复杂障碍离散以及进行移动障碍与流体交互方法的推导。

第4章，基于多相流理论的海上溢油过程模拟及交互

本章提出基于NBFLIP-VOF方法的多相流模拟方法，介绍基于积分平均格式的VOF模型方程求解方法、基于NBFLIP-VOF方法的多相流模拟及结果分析等。

第5章，并行流体交互模拟及可视化

本章提出基于GPU加速的SDF复杂障碍并行离散方法和基于GPU加速的纹理投影方法，并对实现方法及结果进行分析。

第6章，基于物理过程的海上溢油模拟及应用

本章提出基于物理的海上溢油模拟方法、基于纹理投影方法的海面溢油可视化方法及基于质点弹簧模型的海上围油栏建模方法及结果分析，搭建海上溢油应急模拟原型系统，验证该方法的可靠性。

第7章，总结与展望

本章对全书研究内容和不足进行总结，并对下一步研究进行展望。

本研究得到了以下基金项目的资助：863计划课题（2015AA016404）（全景互动关键技术与示范系统-课题4：基于物理模型的复杂场景动态演化技术），海洋公益性行业科研专项（201505017-4）（载人潜水器驾驶与操纵训练模拟系统研制与应用示范-子课题4：深海环境视景模拟系统研制）。

第2章 流体模拟基础

2.1 引言

在CFD领域，现代空气动力学中重要的问题之一就是超声速、高超声速无黏钝体绕流问题的求解。但是由于双曲型偏微分方程和椭圆型偏微分方程具有完全不同的数学性质，跨过声速线时欧拉方程的性质发生了突然的改变[131]。而且由于存在这种改变，在求解钝体定常流场时，任何采用统一方式处理超声速区和亚声速区的方法实际上都是不可能的。这个进展发生在20世纪60年代中期，无论流动是局部亚声速还是局部超声速的，非定常无黏流动的控制方程都是双曲线型方程。当采用时间推进法对欧拉方程进行求解时，欧拉方程对时间变量为双曲型方程，这才有可能直接沿着时间推进求解，并且在时间足够大之后得到定常流动的正确结果。对于钝体问题，在时间足够大之后得到的解就是所要的定常解，而时间推进只是达到这一目的一种手段。

这个经典的例子体现了理解不同类型偏微分方程数学性质的重要性。实际上，非定常流动NS方程很难归入某个单一的种类。其实，NS方程同时具有抛物型和椭圆型偏微分方程的数学性质。抛物型特性是通过速度和内能的时间导数体现，这和热传导方程通过温度的时间导数来表现抛物型特性的方式一样。椭圆型的那部分来自黏性项，它提供了流动向上反馈信息机制。

计算机图形学领域的流体模拟方法经历了从浅水方程或者波动方程到NS方程的过程。对于具有混合性质的NS方程而言，采用合适的数值求解格式是至关重要的。因此对NS方程的数值求解而言，了解偏微分方程的种类以及不同种类偏微分方程的性质尤为必要。

本章将介绍偏微分方程的分类方法、基本性质、差分格式推导、差分方程有效性、边界条件以及误差度量等内容。

2.2　偏微分方程基础

2.2.1　偏微分方程分类

偏微分方程的求解方法主要取决于偏微分方程的类型。不同类型的偏微分方程对应着不同的数值求解法，而其求解时所需要的初值条件的边值条件也不尽相同。

$$a_{11}\frac{\partial^2\phi}{\partial x^2}+2a_{12}\frac{\partial^2\phi}{\partial x\partial y}+a_{22}\frac{\partial^2\phi}{\partial y^2}+a_1\frac{\partial\phi}{\partial x}+b_1\frac{\partial\phi}{\partial x}+c\phi+f=0 \qquad (2.1)$$

其中，a_{11}、a_{12}、a_{22}、a_1、b_1、c及f是与ϕ无关的函数，它们是（x，y）的已知函数，且a_{11}、a_{12}及a_{22}不全为零。

引入记号

$$\Delta=-\begin{vmatrix}a_{11} & a_{12}\\ a_{21} & a_{22}\end{vmatrix}=a_{12}^2-a_{11}a_{22} \qquad (2.2)$$

（1）若在点（x，y）处，$\Delta>0$，称方程在点（x，y）为双曲型；

（2）若在点（x，y）处，$\Delta=0$，称方程在点（x，y）为抛物型；

（3）若在点（x，y）处，$\Delta<0$，称方程在点（x，y）为椭圆型。

显然，当$a_{11}=a_{22}=0$、$a_{12}\neq 0$时，或$a_{12}=0$、$a_{11}a_{22}<0$时，方程属于双曲型；当$a_{11}=0$、$a_{12}=0$、$a_{22}\neq 0$或$a_{11}\neq 0$、$a_{12}=0$、$a_{22}=0$时，方程为抛物型；当$a_{12}=0$、$a_{11}a_{12}>0$时，方程是属于椭圆型的。

2.2.2　基于Taylor级数展开方法建立差分格式

用有限差分方法近似求解偏微分方程问题有多种方法，并且可以用不同的构造方法来建立差分格式。用Taylor级数展开方法是最常用的方法。以对流方程初值问题和扩散方程初值问题为例。

对流方程初值问题：

$$\begin{cases}\dfrac{\partial u}{\partial t}+a\dfrac{\partial u}{\partial x}=0, x\in\mathbf{R}, t>0,\\ u(x,0)=\mathrm{g}(x), x\in\mathbf{R},\end{cases} \qquad (2.3)$$

扩散方程初值问题：

$$\begin{cases}\dfrac{\partial u}{\partial t}=a\dfrac{\partial^2 u}{\partial x^2}, x\in\mathbf{R}, t>0,\\ u(x,0)=g(x), x\in\mathbf{R},\end{cases} \tag{2.4}$$

进行讨论，其中 $a>0$ 。假定偏微分方程初值问题的解 $u(x,t)$ 是充分光滑的。由Taylor级数展开有

$$\begin{cases}\dfrac{u(x_j,t_{n+1})-u(x_j,t_n)}{\tau}=\left[\dfrac{\partial u}{\partial t}\right]_j^n+O(\tau)\\ \dfrac{u(x_j,t_{n+1})-u(x_j,t_{n-1})}{2\tau}=\left[\dfrac{\partial u}{\partial t}\right]_j^n+O(\tau^2)\\ \dfrac{u(x_{j+1},t_n)-u(x_j,t_n)}{h}=\left[\dfrac{\partial u}{\partial x}\right]_j^n+O(h)\\ \dfrac{u(x_{j+1},t_n)-u(x_{j-1},t_n)}{2h}=\left[\dfrac{\partial u}{\partial x}\right]_j^n+O(h^2)\\ \dfrac{u(x_{j+1},t_n)-2u(x_j,t_n)+u(x_{j-1},t_n)}{h^2}=\left[\dfrac{\partial^2 u}{\partial x^2}\right]_j^n+O(h^2)\end{cases} \tag{2.5}$$

其中，$[\bullet]_j^n$ 表示括号内的函数在节点处的取值。利用表达式的第1式和第3式有

$$\frac{u(x_j,t_{n+1})-u(x_j,t_n)}{\tau}+a\frac{u(x_{j+1},t_n)-u(x_j,t_n)}{h}=\left[\frac{\partial u}{\partial t}+a\frac{\partial^2 u}{\partial x^2}\right]_j^n+O(\tau+h^2) \tag{2.6}$$

如果 $u(x,t)$ 是满足偏微分方程的光滑解，则

$$\left[\frac{\partial u}{\partial t}+a\frac{\partial^2 u}{\partial x^2}\right]_j^n=0 \tag{2.7}$$

由此可以看出，偏微分方程在 (x_j,t_n) 处可以近似地用下面方程来代替：

$$\begin{cases}\dfrac{u_j^{n+1}-u_j^n}{\tau}+a\dfrac{u_j^{n+1}-u_j^n}{h}=0\\ j=0,\pm1,\pm2,\cdots,n=0,\pm1,\pm2,\cdots\end{cases} \tag{2.8}$$

其中，u_j^n 为 $u(x_j,t_n)$ 的近似值。式（2.8）称作逼近偏微分方程的有限差分方程或者简称差分方程。

2.2.3 差分方程有效性分析

一个偏微分方程可以得到不同的差分方程。但不同的差分方程和原偏微分方程有完全不同的对应关系，它们有不同的数学性质，数值结果也不完全相同。因此，有些差分方程是有效和可靠的，有些则在一定条件下是有效和可靠的，有些则完全无效。如何判断和分析差分方程的有效性和可靠性就成为有限差分方法最重要的问题之一[132]。

（1） 相容性（Consistency）

差分方程相容性是讨论当 $\Delta t, \Delta x \to 0$ 时，差分方程逼近原偏微分方程的程度。

定义：对于足够光滑的函数 u，若时间步长为 Δt，当空间步长 Δx 趋近于 0 时，差分方程的截断误差 R_j^n 对于每一点都趋近于零，则该差分方程 $(L\Delta u)_j^n = 0$ 逼近偏微分方程 $Lu = 0$，差分方程与偏微分方程是相容的。

差分方程的相容性可以通过Taylor展开来证明。例如，关于对流方程的FT-BS（Forward Time，Backward Space）差分方程为

$$u_j^{n+1} = (1-r)u_j^n + ru_{j-1}^n \tag{2.9}$$

其中，$r = a\dfrac{\Delta t}{\Delta x}$。把 u_j^{n+1} 作为t的函数，在 t_n 邻域进行Taylor展开，把 u_{j-1}^n 作为 x 的函数，在 x_j 邻域进行Taylor展开，得到

$$u_j^{n+1} = u_j^n + \left(\frac{\partial u}{\partial t}\right)_j^n \Delta t + \frac{1}{2}\left(\frac{\partial^2 u}{\partial t^2}\right)_j^n \Delta t^2 + \frac{1}{6}\left(\frac{\partial^3 u}{\partial t^3}\right)_j^n \Delta t^3 + \cdots \tag{2.10}$$

$$u_{j-1}^n = u_j^n - \left(\frac{\partial u}{\partial x}\right)_j^n \Delta x + \frac{1}{2}\left(\frac{\partial^2 u}{\partial x^2}\right)_j^n \Delta x^2 - \frac{1}{6}\left(\frac{\partial^3 u}{\partial x^3}\right)_j^n \Delta x^3 + \cdots \tag{2.11}$$

将 u_j^{n+1}、u_{j-1}^n 带入差分方程得到：

$$\begin{aligned}\left[\frac{\partial u}{\partial t} + a\frac{\partial^2 u}{\partial x^2}\right]_j^n &= \left[-\frac{1}{2}\left(\frac{\partial^2 u}{\partial t^2}\right)_j^n \Delta t^2 - \frac{1}{6}\left(\frac{\partial^3 u}{\partial t^3}\right)_j^n \Delta t^3 - \cdots\right]_j^n + \\ &\left[a\left(\frac{1}{2}\left(\frac{\partial^2 u}{\partial x^2}\right)_j^n \Delta x^2 - \frac{1}{6}\left(\frac{\partial^3 u}{\partial x^3}\right)_j^n \Delta x^3 - \cdots\right)\right]_j^n\end{aligned} \tag{2.12}$$

当 $\Delta t \to 0, \Delta x \to 0$ 时，其右侧所有项都趋近于零，差分方程趋近于原偏微分方程，因此FTBS差分方程和原偏微分方程是相容的。

（2）收敛性（Convergence）

差分方程收敛性是讨论当 $\Delta t, \Delta x \to 0$ 时，差分方程数值解逼近于偏微分方程精确解的程度。

定义：差分方程 $(L\Delta u)_j^n = 0$ 的精确解（解析解）为 u_j^n，偏微分方程 $Lu = 0$ 的精确解为 u，他们之间的误差用 e_j^n 表示，则 $e_j^n = u - u_j^n$ 称为离散误差。

收敛性定义：节点 $u(x_p, t_p)$ 为偏微分方程求解区域 D 内任意一点，当 $x \to x_p$、$t \to t_p$ 时，差分方程精确解 u_j^n 逼近偏微分方程精确解 u，即 $e_j^n = u - u_j^n$，则差分方程收敛于该偏微分方程。

以对流方程为例，把差分方程精确解与偏微分方程精确解相减，可得到离散化误差方程：

$$e_j^{n+1} = (1-r)e_j^n + re_{j-1}^n + O(\Delta x, \Delta t) \tag{2.13}$$

可以看出，离散化误差方程在形式上和差分方程是完全相同的。式（2.13）整理后得到

$$\begin{aligned} e_j^{n+1} &= e_j^n - a\frac{\Delta t}{\Delta x}(e_j^n - e_{j-1}^n) + O(\Delta x, \Delta t) \\ &= (1 - a\frac{\Delta t}{\Delta x})e_j^n + a\frac{\Delta t}{\Delta x}e_{j-1}^n + O(\Delta x, \Delta t) \end{aligned} \tag{2.14}$$

设 $a \geqslant 0, a\frac{\Delta t}{\Delta x} \leqslant 1$，则 $0 \leqslant a\frac{\Delta t}{\Delta x} \leqslant 1$，有

$$\begin{aligned} \left|e_j^{n+1}\right| &\leqslant \left(1 - a\frac{\Delta t}{\Delta x}\right)\left|e_j^n\right| + a\frac{\Delta t}{\Delta x}\left|e_{j-1}^n\right| + O(\Delta x, \Delta t) \\ &\leqslant \left(1 - a\frac{\Delta t}{\Delta x}\right)\max_j\left|e_j^n\right| + a\frac{\Delta t}{\Delta x}\max_j\left|e_{j-1}^n\right| + O(\Delta x, \Delta t) \end{aligned} \tag{2.15}$$

其中，$\max_j\left|e_j^n\right|$ 表示在 n 层的所有节点上离散化误差 e_j^n 绝对值的最大值。对于所有节点，有

$$\left|e_j^n\right| \leqslant \max_j\left|e_j^n\right| + O(\Delta x, \Delta t) \tag{2.16}$$

于是有

$$\begin{cases} \max\limits_j \left| e_j^{n+1} \right| \leqslant \max\limits_j \left| e_j^n \right| + O(\Delta x, \Delta t) \\ \max\limits_j \left| e_j^n \right| \leqslant \max\limits_j \left| e_j^{n-1} \right| + O(\Delta x, \Delta t) \\ \quad\quad \cdots\cdots \end{cases} \tag{2.17}$$

最后得到

$$\begin{cases} \max\limits_j \left| e_j^1 \right| \leqslant \max\limits_j \left| e_j^0 \right| + O(\Delta x, \Delta t) \\ \max\limits_j \left| e_j^{n+1} \right| \leqslant \max\limits_j \left| e_j^0 \right| + O(\Delta x, \Delta t) \end{cases} \tag{2.18}$$

在 $a=0$ 时，差分方程初始条件应该是完全准确的，即

$$u_j^0 = \phi(x_j), e_j^0 = u^0 - u_j^0 = 0 \tag{2.19}$$

即

$$\max_j \left| e_j^{n+1} \right| \leqslant O(\Delta x, \Delta t) \tag{2.20}$$

由此可知，差分方程离散化误差和截断误差有相同的数量级。若 $R_j^n \to 0$ ，则

$$\lim_{\substack{\Delta t \to 0 \\ \Delta x \to 0}} \left(\max_j \left| e_j^{n+1} \right| \right) = 0 \tag{2.21}$$

因此，在 $a \geqslant 0, a\dfrac{\Delta t}{\Delta x} \leqslant 1$ 的条件下，FTBS差分方程是收敛的。

（3） 稳定性

利用有限差分方法进行数值计算时是按时间逐层推进的。如果考虑二层差分格式，那么计算第 $n+1$ 时间层上的值 u_j^{n+1} ，要用到第 n 时间层上计算出来的结果，而在该计算过程中的舍入误差必然会影响到 u_j^{n+1} 的值。从而就要分析这种误差传播的情况。希望误差的影响不至于越来越大，以致掩盖差分格式解的原来面貌，这便是稳定性要考虑的问题。

考虑差分方程式的稳定性，即考虑差分格式的稳定性，其中 $\lambda = \dfrac{\tau}{h}$ 为网格比，假设 $a>0$ 。

$$u_j^{n+1} = u_j^n - a\lambda(u_{j+1}^n - u_j^n) \tag{2.22}$$

差分格式从初始底层开始逐层计算，当初始数据的选取存在误差时，考虑这个误差在以后计算中的传播情况。为分析方便起见，不考虑逐层计算过程中的舍入误差。假定初始数据误差的绝对值为 ε ，其符号交替地取正号和负号[133]。

设偏微分方程的精确解为 u ，差分方程的精确解为 u_j^n ，数值解为 $\overline{u}_j^n$ ，则计算误差定义为

$$\varepsilon_j^n = u - \overline{u}_j^n = (u - u_j^n) + (u_j^n - \overline{u}_j^n) = e_j^n + \varepsilon_r^n \tag{2.23}$$

式中， $e_j^n = (u - u_j^n)$ 是离散误差， $\varepsilon_j^n = (u_j^n - \overline{u}_j^n)$ 是舍入误差。

定义：

$$\left\| \varepsilon_r^n \right\| = \left[\sum_{-\infty}^{+\infty} (\varepsilon_j^n)^2 \Delta x^2 \right]^{\frac{1}{2}} \tag{2.24}$$

为计算误差 ε_r^n 的范数。

定义：在某一时刻 t_n ，差分方程的计算误差为 ε_j^n ，若在时刻 t_{n+1} 时刻满足：

$$\left\| \varepsilon_r^{n+1} \right\| \leqslant k \left\| \varepsilon_r^n \right\| \tag{2.25}$$

条件，则该差分方程是稳定的。

（4） Lax定理

稳定性反映差分方程在时间进程中的特性，收敛性反映差分方程在空间上的特性，他们都体现了差分方程内在的数学特性。Lax定理给出了收敛性和稳定性之间的关系[132]。

Lax定理：对于适定和线性的偏微分方程的初值问题，若逼近它的差分方程与它是相容的，则差分方程的稳定性是保证差分方程收敛的充分必要条件。

由于相容性条件容易证明，证明稳定性也有不少办法，但是证明收敛性比较复杂。Lax定理指出，差分方程收敛性可以通过稳定性的证明确定。

2.3 误差度量方法

2.3.1 向量范数的定义

设 V 是数域 F 的线性空间，且对于 V 的任意向量 x，对应一个非负实数 $\|x\|$ ，满足以下条件：

（1）正定性：$\|x\| \geqslant 0$，$\|x\| = 0$ 当且仅当$x=0$；

（2）齐次性：$\|ax\| = |a| \cdot \|x\|$，$a \in F$；

（3）三角不等式：对任意x，$y \in V$ 都有$\|x+y\| \leqslant \|x\| + \|y\|$；

则称$\|x\|$为向量x的范数。

2.3.2　常见的向量范数定义

（1）L1范数

L1 范数是一种最常见的范数，它的定义如下：

$$\|x\|_1 = \sum_i |x_i| \tag{2.26}$$

L1 范数有很多的名字，例如我们熟悉的曼哈顿距离、最小绝对误差等。使用 L1范数可以度量两个向量的差异，如绝对误差和（Sum of Absolute Difference，SOD）：

$$\mathrm{SOD}(x_1, x_2) = \sum_i |x_{1i} - x_{2i}| \tag{2.27}$$

（2）L2范数

L2范数是我们常见的一种范数，也是我们应用最多的一种度量，如欧式距离就是一种L2范数，它的定义如下：

$$\|x\|_2 = \sqrt{\sum_i x_i^2} \tag{2.28}$$

其表示向量元素的平方和再开方。像L1范数一样，L2范数也可以度量两个向量的差异，如平方差和（Sum of Squared Difference，SSD）：

$$\mathrm{SSD}(x_1, x_2) = \sum_i |x_{1i} - x_{2i}|^2 \tag{2.29}$$

（3）L-∞范数

L-∞范数主要用于度量向量元素的最大值。其定义为：

$$\|x\|_\infty = \sqrt{\sum_i x_i^\infty}, (x = x_1, x_2, \cdots, x_n) \tag{2.30}$$

通常情况下，可以用

$$\|x\|_\infty = \max(|x_i|) \tag{2.31}$$

L-∞范数有一个非常好的特点，就是与向量元素的个数无关，这个特性在进行不同维度的误差向量比较时有一定的优势。

2.3.3 不同误差向量范数定义方法之间的比较

前面提到过，不同范数通常有不同的适用范围，见表 2.1 所列：L1 范数可以理解为误差向量的绝对值之和，L2 范数为误差向量的欧式距离和，L-∞ 可以体现误差向量的最大值水平。

表 2.1 不同范数特点比较

范数	特点	是否和元素个数有关
L1 范数	绝对值之和	是
L2 范数	欧式距离和	是
L-∞ 范数	最大值	否

在误差度量方面，L1 范数用得较少，常用的有 L2 范数。但是，从 L2 范数的定义可以看出，该范数是与元素的个数相关的。也就是说，简单来讲，采用该方法来度量误差时会出现一种情况：在误差水平不变的情况下，误差向量的维度越高，L2 范数的结果就越大。而这种情况确实会存在，例如在分析不同分辨率数值计算的收敛速度时，采用 L2 范数来度量误差向量收敛速度。一般情况下，如果采用 L2 范数来比较不同维度误差向量就会出现这样的问题。而不同分辨率的收敛速度分析又是一个必须面对的问题，因此我们需要一种与元素个数无关的，能够反映误差绝对值大小的误差范数。而 L-∞ 范数正好满足这样的条件，它可以让我们方便地比较不同维度的误差向量之间的误差水平，且与向量元素的个数无关。

2.4 线性系统求解方法

2.4.1 共轭梯度法

（1） 二次函数极小化问题

设线性方程组的系数矩阵 $\boldsymbol{A}$ 是实对称正定矩阵，令

$$f(x)=\frac{1}{2}x^T\boldsymbol{A}x-x^Tb \tag{2.32}$$

其中

$$x=(x_1,x_2,\cdots,x_n)^T\in R^n$$

显然 $f(x)$ 是关于 $x_1,x_2,\cdots,x_n$ 的二次函数，由于 $\boldsymbol{A}$ 正定，故 $f(x)$ 有唯一的极小点 $u=(u_1,u_2,\cdots,u_n)^T$ 。$f(x)$ 的偏导数为

$$\frac{\partial f(x)}{\partial x_i}=\frac{1}{2}(0,\cdots,0,1,0,\cdots,0)A\begin{pmatrix}x_1\\x_2\\\vdots\\x_n\end{pmatrix}+\frac{1}{2}(x_1,x_2,\cdots,x_n)\boldsymbol{A}\begin{pmatrix}0\\\vdots\\0\\1\\0\\\vdots\\x_n\end{pmatrix} \tag{2.33}$$

$$-(0,\cdots,0,1,0,\cdots,0)\begin{pmatrix}b_1\\b_2\\\vdots\\b_n\end{pmatrix}=(0,\cdots,0,1,0,\cdots,0)(\boldsymbol{A}x-b)$$

$$i=1,2,\cdots,n$$

所以，

$$\text{grad}\,f(x)=\begin{pmatrix}\dfrac{\partial f(x)}{\partial x_1}\\\dfrac{\partial f(x)}{\partial x2}\\\vdots\\\dfrac{\partial f(x)}{\partial x_n}\end{pmatrix}=\boldsymbol{A}x-b \tag{2.34}$$

$f(x)$ 的极小值点 u 满足方程：

$$\text{grad}\,f(u)=\boldsymbol{A}u-b=0 \tag{2.35}$$

这说明二次函数 $f(x)$ 的极小值问题和线性方程组

$$\boldsymbol{A}u-b \tag{2.36}$$

的求解问题等价。

（2） 最速下降法

设给定 n 个线性独立的 n 维向量：

$$p_0,p_1,\cdots,p_{n-1} \tag{2.37}$$

及任意初始近似值 $x^{(0)}$ ，令

$$x^{(k+1)}=x^{(k)}+\alpha_k p_k,k=0,1,\cdots,n-1 \tag{2.38}$$

确定系数 α_k 使

$$\varphi_k(t)=f(x^{(k)}+tp_k) \tag{2.39}$$

$t=\alpha_k$ 为极小点，即

$$f(x^{(k)}+\alpha_k p_k)=fx^{(k+1)}=\min_t f(x^{(k)}+tp_k) \tag{2.40}$$

由于

$$\varphi'_k(t)=p_k^T[\boldsymbol{A}(x^{(k)}+tp_k)-b] \tag{2.41}$$

令 $\varphi'_k{}^{(t)}=0$，得

$$p_0,p_1,\cdots,p_{n-1} \tag{2.42}$$

用 g_k 表示 $f(x)$ 在 $x^{(k)}$ 点的共轭向量，即

$$g_k=\text{grad}\,f(x^{(k)})=\boldsymbol{A}x^{(k)}-b \tag{2.43}$$

故

$$\alpha_k=-\frac{p_k^T g_k}{p_k^T \boldsymbol{A} p_k}\quad k=0,1,\cdots \tag{2.44}$$

上述算法构成求二次方程函数 $f(x)$ 的极小点的一类迭代方法，该算法具有梯度下降性质，即

$$f(x^{(k+1)})\leqslant f(x^{(k)}) \tag{2.45}$$

只要 $g_k\neq 0$，就可以继续计算。若取

$$p_k=-g_k,k=0,1,\cdots \tag{2.46}$$

相应的迭代方法称为最速下降法（Steepest Descent Method），其计算公式可以归纳如下：

任取初始近似向量 $x^{(0)}$，对 $k=0,1,\cdots$,计算

$$\begin{cases} p_k=-g_k=b-\boldsymbol{A}x^{(k)} \\ \alpha_k=-\dfrac{p_k^T g_k}{p_k^T \boldsymbol{A} p_k} \\ x^{(k+1)}=x^{(k)}+\alpha_k p_k \end{cases} \tag{2.47}$$

（3）共轭梯度法

由于最速下降方法中的“最速下降”只具有局部性质，就整体而言未必是“最速下降”的。

先考虑适当选择向量 $p_0,p_1,\cdots,p_{n-1}$，使得最速下降法中的迭代对任意给定的近似值 $x^{(0)}$ 都具有有限步收敛性。为此要求由 $x^{(0)}$ 出发得到的序列

$$x_0,x_1,\cdots,x_n \tag{2.48}$$

具有以下性质

$$f(x^k)=\min_{z\in L_k} f(x^{(0)}+z) \tag{2.49}$$

其中，$L_k=\mathrm{span}\{p_0,p_1,\cdots,p_n\}$，即 $x^{(k)}$ 为 $f(x)$ 在集合 $\{x\mid x=x^{(0)}+z,z\in L_k\}$ 上的极小点，因此 $f(x)$ 在 $x^{(k)}$ 点沿任意 $z\in L_k$ 的方向导数都必须为0，即

$$g_k=\mathrm{grad} f(x^{(k)})=\boldsymbol{A}x^{(k)}-b \tag{2.50}$$

有

$$g_k z=0 \tag{2.51}$$

式（2.51）表示向量 g_k 和空间 L_k 直交，并记为 $g_k\perp L_k$ 。

由 $\boldsymbol{A}$ 共轭向量系构成的迭代法，如式（2.50），称为共轭方向法（Conjugate Direction Method）。

而共轭梯度法（Conjugate Gradient Method）是一种特殊的共轭方向法，即 p_i 按下述方式选择，给定任意初始点 $x^{(0)}\in R^n$ ，取 $p^0=b-Ax^{(0)}=-g_0$ 。对于 $k=0,1,\cdots$，计算

$$\begin{cases}\alpha_k=-\dfrac{g_k^T p_k}{p_k^T \boldsymbol{A} p_k}=\dfrac{g_k^T g_k}{p_k^T \boldsymbol{A} p_k}\\ x^{(k+1)}=x^{(k)}+\alpha_k p_k\\ g_{k+1}=g_k+\alpha_k \boldsymbol{A} p_k=\boldsymbol{A}x^{(k+1)}-b\\ \beta_k=-\dfrac{g_{k+1}^T \boldsymbol{A} p_k}{p_k^T \boldsymbol{A} p_k}=\dfrac{g_{k+1}^T g_{k+1}}{g_k^T g_k}\\ p_{k+1}=-g_{k+1}+\beta_k p_k\end{cases} \tag{2.52}$$

2.4.2　预条件共轭梯度法

（1）完全Cholesky分解方法

设正定对称矩阵 $\boldsymbol{A}$，则 $\boldsymbol{A}$ 满足 $\boldsymbol{A}=\boldsymbol{L}\boldsymbol{L}^T$，记

$$A=\begin{pmatrix}a_{11} & a_{12} & \cdots & a_{1n}\\ a_{21} & a_{22} & \cdots & a_{2n}\\ \vdots & \vdots & \cdots & \vdots\\ a_{n1} & a_{n2} & \cdots & a_{nn}\end{pmatrix} \tag{2.53}$$

$$L=\begin{pmatrix} l_{11} & & & \\ l_{21} & l_{22} & & \\ \vdots & \vdots & \ddots & \\ l_{n1} & l_{n2} & \cdots & l_{nn} \end{pmatrix} \tag{2.54}$$

由于$\boldsymbol{A}=\boldsymbol{L}L^T$，比较各元素：由$a_{11}=l_{ll}^2$，$a_{i1}=l_{il}l_{11}$，得到$l_{i1}=a_{i1}/l_{11},i=2,3,\cdots,n$

假设 $\boldsymbol{L}$ 的第 $k-1$ 列元素已求得，以下求 $\boldsymbol{L}$ 的第 k 列元素 $l_{ik}(i=k,k+1,\cdots,n)$，注意到

$$a_{ik}=\sum_{s=1}^{k-1}l_{is}l_{ks}+l_{ik}l_{kk} \tag{2.55}$$

得到

$$\begin{cases} l_{kk}=\sqrt{a_{kk}-\sum\limits_{s=1}^{k-1}l_{ks}^2} \\ l_{ik}=(a_{ik}-\sum\limits_{s=1}^{k-1}l_{is}l_{ks})/l_{kk} \end{cases} \tag{2.56}$$

不难验证，正定矩阵的$\boldsymbol{L}L^T$分解乘除法计算量约为$\frac{1}{6}n^3+O(n^2)$。但是为了计算$\boldsymbol{L}$的对角元素需要n次开方。虽然$\boldsymbol{L}L^T$分解乘除法运算量为一般矩阵三角分解的一半，但增加的n个开方运算非常不利。通常$\boldsymbol{L}L^T$分解又称为平方根法。但是正定矩阵的$\boldsymbol{L}L^T$分解有一个重要的性质，即

$$|l_{ks}|\leqslant\sqrt{a_{kk}},s=1,2,\cdots,k \tag{2.57}$$

这说明$\boldsymbol{L}$元素的绝对值不会变得很大，这个性质对算法的稳定性是非常重要的。

（2）不完全Cholesky分解方法[107]

不完全Cholesky分解与共轭梯度法相结合，是非常有效的串行预处理共轭梯度法。

如果LL^T是正定对称矩阵$\boldsymbol{A}$的Cholesky分解，且$\boldsymbol{A}$是稀疏的，则由于填充后，$\boldsymbol{L}$的稀疏性一般比$\boldsymbol{A}$差许多，因此要求对$\boldsymbol{A}$做如下分解：

$$\boldsymbol{A}=\boldsymbol{L}L^T+\boldsymbol{R} \tag{2.58}$$

其中，$\boldsymbol{L}$仍为下三角矩阵，但是可任意指定$\boldsymbol{L}$的稀疏结构，$\boldsymbol{R}$一般不为零。该分解称为不完全Cholesky分解。

获得不完全分解因子$\boldsymbol{L}$的方法有很多，最常见的是无填充不完全Cholesky

分解策略（IC(0)），该算法伪代码如下所示：

$$
\begin{aligned}
& l_{11}=a_{11}^{1/2} \\
& \text{for } i=1 \text{ } to \text{ } n \\
& \quad \text{for } j=1 \text{ } to \text{ } i-1 \\
& \qquad \text{if } a_{ij}=0 \text{ ,then } l_{ij}=0 \text{ else} \\
& \qquad l_{ij}=(a_{ij}-\sum_{k=1}^{j-1} l_{ik}l_{jk})/l_{ij} \\
& \qquad l_{ii}=\sqrt{a_{ii}-\sum_{k=1}^{i-1} l_{ik}^2}
\end{aligned}
\tag{2.59}
$$

若去掉上述算法中“if”行，则该算法退化为完全Cholesky分解算法。

（3）预条件共轭梯度方法

由于在实际应用中，线性方程组系数矩阵$\boldsymbol{A}$的条件数较大，求解过程中容易出现收敛困难的情况。针对这种情况，出现了通过相合变换来预处理$\boldsymbol{A}$的思想。相合变换形如：

$$\hat{\boldsymbol{A}}=\boldsymbol{SAS}^T \tag{2.60}$$

其中，$\boldsymbol{S}$是待选取的非退化矩阵，目的是使得 Cond（$\hat{\boldsymbol{A}}$）<Cond（$\boldsymbol{A}$）（条件数）。然后求解方程组

$$\hat{\boldsymbol{A}}\hat{x}=\hat{b} \tag{2.61}$$

其中，$\hat{x}=(\boldsymbol{S}^T)^{-1}x,\hat{b}=\boldsymbol{S}b$。

由于$\boldsymbol{A}$是对称正定矩阵，可以证明存在对称正定矩阵$\boldsymbol{B}$，使得$\boldsymbol{B}^2=\boldsymbol{A}$，并将$\boldsymbol{B}$记作$\boldsymbol{A}^{1/2}$。因此，从原则上讲，只要取$\boldsymbol{S}=(\boldsymbol{A}^{1/2})^{-1}$，便可以得到完全处理矩阵$\hat{\boldsymbol{A}}=\boldsymbol{I}$（单位矩阵），使得式（2.55）无须求解。显然，这是一条不切实际的途径。另外一种极端情形是取$\boldsymbol{S}$为对角矩阵，这是最简单的预处理，但用对角矩阵做相合变换通常不能有效地减小条件数。

值得注意的是，选用比对角矩阵复杂的矩阵进行预处理往往会破坏矩阵$\boldsymbol{A}$的稀疏性。通常，我们利用近似于$\boldsymbol{A}$的对称正定矩阵$\boldsymbol{M}$进行预处理，矩阵$\boldsymbol{S}$则仅由式（2.62）隐含定义：

$$(\boldsymbol{S}^T\boldsymbol{S})^{-1}=\boldsymbol{M} \tag{2.62}$$

由于通常已知$\boldsymbol{M}$，而不知$\boldsymbol{M}^{-1}$，式（2.62）的辅助向量需要通过求解线性方程组 $\boldsymbol{M}\tilde{r}=r$ 才能得到。经过上述预处理之后，继续采用上一节的共轭梯度算法

进行求解即可得到预条件共轭梯度算法（Preconditioned Conjugate Gradient, PCG）。该方法通过预条件手段来降低系数矩阵的条件数，而后继续利用共轭梯段算法进行线性系统的求解，是一种非常高效的线性系统求解方法。

2.5 流体运动方程

流体力学基本方程组包括连续方程、运动方程、能量方程和状态方程。而对于不可压缩的流体，如水的模拟，主要涉及连续方程和运动方程。

2.5.1 连续方程

根据质量守恒定律，可以得到笛卡尔坐标系下单位质量流体的连续方程：

$$\frac{\partial \rho}{\partial t}+\frac{\partial(\rho u)}{\partial x}+\frac{\partial(\rho u)}{\partial y}+\frac{\partial(\rho w)}{\partial z}=0 \tag{2.63}$$

或者写成矢量形式：

$$\frac{\partial \rho}{\partial t}+\nabla\cdot(\rho \boldsymbol{V})=0 \tag{2.64}$$

或者张量形式：

$$\frac{\partial \rho}{\partial t}+\frac{\partial \rho u_i}{\partial x_i}=0 \tag{2.65}$$

其中，ρ 为流体密度，$\boldsymbol{V}$为流动速度适量，u、v、w 为其在 x、y、z 三个方向上的分量，x_i 为空间点的坐标，u_i 为在时间 t 坐标点 x_i 点的速度分量（$i=1,2,3$）。

2.5.2 运动方程

根据动量守恒定律，笛卡尔坐标系下单位质量流体动量守恒方程为

$$\begin{cases}\dfrac{Du}{Dt}=\dfrac{\partial u}{\partial t}+u\dfrac{\partial u}{\partial x}+v\dfrac{\partial u}{\partial y}+w\dfrac{\partial u}{\partial z}=-\dfrac{1}{\rho}\dfrac{\partial p}{\partial x}+F_x+\dfrac{1}{\rho}\left(\dfrac{\tau_{xx}}{\partial x}+\dfrac{\tau_{xy}}{\partial y}+\dfrac{\tau_{xz}}{\partial z}\right)+S_{mx}\\ \dfrac{Dv}{Dt}=\dfrac{\partial v}{\partial t}+u\dfrac{\partial v}{\partial x}+v\dfrac{\partial v}{\partial y}+w\dfrac{\partial v}{\partial z}=-\dfrac{1}{\rho}\dfrac{\partial p}{\partial y}+F_y+\dfrac{1}{\rho}\left(\dfrac{\tau_{yx}}{\partial x}+\dfrac{\tau_{yy}}{\partial y}+\dfrac{\tau_{yz}}{\partial z}\right)+S_{my}\\ \dfrac{Dw}{Dt}=\dfrac{\partial w}{\partial t}+u\dfrac{\partial w}{\partial x}+v\dfrac{\partial w}{\partial y}+w\dfrac{\partial w}{\partial z}=-\dfrac{1}{\rho}\dfrac{\partial p}{\partial z}+F_z+\dfrac{1}{\rho}\left(\dfrac{\tau_{zx}}{\partial x}+\dfrac{\tau_{zy}}{\partial y}+\dfrac{\tau_{zz}}{\partial z}\right)+S_{mz}\end{cases} \tag{2.66}$$

其中：

$$\begin{cases}\tau_{xx}=2\mu\frac{\partial u}{\partial x}+(\mu'-\frac{2}{3}\mu)(\frac{\partial u}{\partial x}+\frac{\partial v}{\partial y}+\frac{\partial w}{\partial z}),\tau_{xy}=\tau_{yx}=\mu(\frac{\partial v}{\partial x}+\frac{\partial u}{\partial y})\\ \tau_{yy}=2\mu\frac{\partial v}{\partial y}+(\mu'-\frac{2}{3}\mu)(\frac{\partial u}{\partial x}+\frac{\partial v}{\partial y}+\frac{\partial w}{\partial z}),\tau_{yz}=\tau_{zy}=\mu(\frac{\partial w}{\partial y}+\frac{\partial v}{\partial z})\\ \tau_{zz}=2\mu\frac{\partial w}{\partial z}+(\mu'-\frac{2}{3}\mu)(\frac{\partial u}{\partial x}+\frac{\partial v}{\partial y}+\frac{\partial w}{\partial z}),\tau_{zx}=\tau_{xz}=\mu(\frac{\partial u}{\partial z}+\frac{\partial w}{\partial x})\end{cases} \tag{2.67}$$

其对应矢量形式为

$$\frac{D\boldsymbol{V}}{Dt}=\frac{\partial \boldsymbol{V}}{Dt}+u\frac{\partial \boldsymbol{V}}{Dx}+v\frac{\partial \boldsymbol{V}}{Dy}+w\frac{\partial \boldsymbol{V}}{Dz}=-\frac{1}{\rho}\nabla p+\boldsymbol{F}+\frac{1}{\rho}\cdot\boldsymbol{\tau}+\boldsymbol{S}_m \tag{2.68}$$

其中：

$$\boldsymbol{\tau}=\begin{pmatrix}\tau_{xx} & \tau_{xy} & \tau_{xz}\\ \tau_{yx} & \tau_{yy} & \tau_{yz}\\ \tau_{zx} & \tau_{zy} & \tau_{zz}\end{pmatrix} \tag{2.69}$$

其中， p 为流体压力， $\boldsymbol{F}$ 为单位质量流体所受的外部体力， F_i 、F_y 、F_z 分别为在 x、y、z 三个方向上的分量， τ 为流体的黏性应力， μ 为流体动力黏性系数，或简称为黏性系数。对于牛顿流体，流体黏性通常可以看作是常数。此时的控制方程也称为纳维-斯托克斯方程，简称N-S方程。对于不可压缩流体，$\nabla\cdot v=0$ ，所以N-S方程可以化简为

$$\begin{cases}\frac{Du}{Dt}=f_x-\frac{1}{\rho}\frac{\partial p}{\partial x}+v\nabla^2 u\\ \frac{Dv}{Dt}=f_y-\frac{1}{\rho}\frac{\partial p}{\partial y}+v\nabla^2 v\\ \frac{Dw}{Dt}=f_z-\frac{1}{\rho}\frac{\partial p}{\partial z}+v\nabla^2 w\end{cases} \tag{2.70}$$

N-S方程中的每一项都表示作用于单位质量流体上的某种力。如上述等式左端分别为惯性力或加速度，等式右端依次为质量力、压力的合力和黏性力。黏性力又分为剪应力和附加法向应力。

N-S方程是在普遍形式的流体运动控制方程基础上附加了若干假设后得到的，因此在应用时需要注意满足的假设条件。具体来讲，它适用于以下三种情形：

① 黏性系数为常数的牛顿流体；

② 层流运动；

③ 湍流的瞬时运动。

2.5.3 N-S方程数值计算常见差分模板

x 方向一阶导数向前差分：

$$\left(\frac{\partial u}{\partial x}\right)_{i,j}=\frac{u_{i+1,j}-u_{i,j}}{\Delta x} \tag{2.71}$$

x 方向一阶导数向后差分：

$$\left(\frac{\partial u}{\partial x}\right)_{i,j}=\frac{u_{i,j}-u_{i-1,j}}{\Delta x} \tag{2.72}$$

x 方向一阶导数的二阶中心差分：

$$\left(\frac{\partial u}{\partial x}\right)_{i,j}=\frac{u_{i+1,j}-u_{i-1,j}}{2\Delta x} \tag{2.73}$$

x 方向二阶导数二阶中心差分：

$$\left(\frac{\partial^2 u}{\partial x^2}\right)_{i,j}=\frac{u_{i+1,j}-2u_{i,j}+u_{i+1,j}}{(\Delta x)^2} \tag{2.74}$$

y 方向一阶导数向前差分：

$$\left(\frac{\partial u}{\partial y}\right)_{i,j}=\frac{u_{i,j+1}-u_{i,j}}{\Delta y} \tag{2.75}$$

y 方向一阶导数向后差分：

$$\left(\frac{\partial u}{\partial y}\right)_{i,j}=\frac{u_{i,j}-u_{i,j-1}}{\Delta y} \tag{2.76}$$

y 方向一阶导数的二阶中心差分：

$$\left(\frac{\partial u}{\partial y}\right)_{i,j}=\frac{u_{i,j+1}-u_{i,j-1}}{2\Delta y} \tag{2.77}$$

y 方向二阶导数二阶中心差分：

$$\left(\frac{\partial^2 u}{\partial y^2}\right)_{i,j}=\frac{u_{i,j+1}-2u_{i,j}+u_{i,j+1}}{(\Delta y)^2} \tag{2.78}$$

二阶混合导数的二阶中心差分：

$$\left(\frac{\partial^2 u}{\partial x\partial y}\right)_{i,j}=\frac{u_{i+1,j+1}+u_{i-1,j-1}-u_{i-1,j+1}-u_{i+1,j-1}}{4\Delta x\Delta y} \tag{2.79}$$

2.6 流体N-S方程求解常用方法

2.6.1 压力修正法

（1）压力修正法基本原理

压力修正方法本质上也是一种迭代方法。在用前一次迭代结果计算下一次迭代时，压力修正法采用了一些新的物理机制，思路如下：

①迭代开始时，先给定压力的初始近似值 p^* 。

②用 p^* 的值从动量方程求解 u,v,w 。因此这些速度都与 p^* 有关，所以用 u^*、v^*、w^* 来表示。

③若将根据 p^* 得到的 u^*、v^*、w^* 带入连续性方程，它们不一定满足连续性条件。因此，要用连续性方程构造压力的修正量 p' ，用来修正 p^*，使得流场满足连续性方程。设修正后的压力为

$$p=p^*+p' \tag{2.80}$$

相应的速度修正量 u'、v'、w' 可以从 p' 得到，使得

$$\begin{cases} u=u^*+u' \\ v=v^*+v' \\ w=w^*+w' \end{cases} \tag{2.81}$$

用压力修正方程左边的值 p 作为新的 p^*，重复这个步骤，直到速度场满足连续性方程为止，这样就得到了修正后的流场。

（2）压力修正公式

前面给出了压力修正法的基本步骤，但是对于如何计算压力修正量 p' 并没有给出具体的计算步骤。二维流体的动量方程：

$$\begin{cases} \dfrac{\partial(\rho u)}{\partial t}+\dfrac{\partial(\rho u^2)}{\partial x}+\dfrac{\partial(\rho uv)}{\partial y}=-\dfrac{\partial p}{\partial x}+\mu(\dfrac{\partial^2 u}{\partial x^2}+\dfrac{\partial^2 u}{\partial^2 y}) \\ \dfrac{\partial(\rho v)}{\partial t}+\dfrac{\partial(\rho uv)}{\partial x}+\dfrac{\partial(\rho v^2)}{\partial y}=-\dfrac{\partial p}{\partial y}+\mu(\dfrac{\partial^2 v}{\partial x^2}+\dfrac{\partial^2 v}{\partial^2 y}) \end{cases} \tag{2.82}$$

假设密度不变 ，对其进行离散后得到

$$\begin{cases} \dfrac{u_{i,j}^{n+1}-u_{i,j}^{n}}{\Delta t}=-\dfrac{p_{i+1}^{n}-2p_{i}^{n}+p_{i-1}^{n}}{2\Delta x}-u_{i,j}^{n}\dfrac{(u_{i+1,j}^{n}-2u_{i,j}^{n}+u_{i-1,j}^{n})}{2\Delta x}-\dfrac{u_{i+1,j}^{n}v_{i,j+1}^{n}-2u_{i,j}^{n}v_{i,j}^{n}+u_{i-1,j}^{n}v_{i,j-1}^{n}}{2\Delta y}+C \\ C=\mu(\dfrac{\partial^2 u}{\partial x^2}+\dfrac{\partial^2 u}{\partial^2 y})=\mu\left[\dfrac{u_{i+1,j}^{n}-2u_{i,j}^{n}+u_{i-1,j}^{n}}{\Delta x^2}+\dfrac{v_{i,j+1}^{n}-2v_{i,j}^{n}+v_{i,j-1}^{n}}{\Delta y^2}\right] \end{cases} \tag{2.83}$$

在迭代开始时，令 $p=p^*$，此时有

$$\begin{cases}(\rho u^*)_{i,j}^{n+1}=(\rho u^*)_{i,j}^{n}+A^*\Delta t-\dfrac{\Delta t}{\Delta x}(p_{i+1,j}^*-p_{i,j}^*)\\(\rho v^*)_{i,j}^{n+1}=(\rho v^*)_{i,j}^{n}+B^*\Delta t-\dfrac{\Delta t}{\Delta y}(p_{i,j+1}^*-p_{i,j}^*)\end{cases}\tag{2.84}$$

其中：

$$\begin{cases}A=-\left[\dfrac{(\rho u^2)_{i+1,j}^{n}-(\rho u^2)_{i,j}^{n}}{\Delta x}+\dfrac{(\rho uv)_{i,j+1}^{n}-(\rho uv)_{i,j}^{n}}{\Delta y}\right]+\\\qquad\mu\left[\dfrac{u_{i+1,j}^n-2u_{i,j}^n+u_{i-1,j}^n}{\Delta x^2}+\dfrac{v_{i,j+1}^n-2v_{i,j}^n+v_{i,j-1}^n}{\Delta y^2}\right]\\B=-\left[\dfrac{(\rho uv)_{i+1,j}^{n}-(\rho uv)_{i,j}^{n}}{\Delta x}+\dfrac{(\rho v^2)_{i,j+1}^{n}-(\rho v^2)_{i,j}^{n}}{\Delta y}\right]+\\\qquad\mu\left[\dfrac{v_{i+1,j}^n-2v_{i,j}^n+v_{i-1,j}^n}{\Delta x^2}+\dfrac{v_{i,j+1}^n-2v_{i,j}^n+v_{i,j-1}^n}{\Delta y^2}\right]\end{cases}\tag{2.85}$$

从而x方向有

$$\begin{cases}(\rho u')_{i,j}^{n+1}=(\rho u')_{i,j}^{n}+A'\Delta t-\dfrac{\Delta t}{\Delta x}(p_{i+1,j}'-p_{i,j}')^n\\(\rho u')_{i,j}^{n+1}=(\rho u)_{i,j}^{n+1}-(\rho u^*)_{i,j}^{n+1}\\(\rho u')_{i,j}^{n}=(\rho u)_{i,j}^{n}-(\rho u^*)_{i,j}^{n}\\A'=A-A^*\\p_{i+1,j}'=p_{i+1,j}-p^*{}_{i+1,j}\\p_{i,j}'=p_{i,j}-p^*{}_{i,j}\end{cases}\tag{2.86}$$

同理，y方向有

$$\begin{cases}(\rho v')_{i,j}^{n+1}=(\rho v')_{i,j}^{n}+B'\Delta t-\dfrac{\Delta t}{\Delta y}(p_{i,j+1}'-p_{i,j}')^n\\(\rho v')_{i,j}^{n+1}=(\rho v)_{i,j}^{n+1}-(\rho v^*)_{i,j}^{n+1}\\(\rho v')_{i,j}^{n}=(\rho v)_{i,j}^{n}-(\rho v^*)_{i,j}^{n}\\B'=B-B^*\\p_{i,j+1}'=p_{i,j+1}-p^*{}_{i,j+1}\\p_{i,j}'=p_{i,j}-p^*{}_{i,j}\end{cases}\tag{2.87}$$

以上就是通过压力和速度的修正量 p'、u'、v' 表示 x、y 方向的动量方程。由于速度场必须满足连续性方程，因此我们可以通过连续性条件构造出计

算压力的修正方法。对于连续性方程进行离散：

$$\frac{\partial \rho u}{\partial x}+\frac{\partial \rho v}{\partial y}=0 \tag{2.88}$$

可以得到

$$\frac{\rho u_{i,j}-\rho u_{i-1,j}}{\Delta x}+\frac{\rho v_{i,j}-\rho v_{i,j-1}}{\Delta y}=0 \tag{2.89}$$

恒等变形后得到

$$\begin{cases} \Delta y\left\{(\rho u^*)_{i,j}^{n+1}-\dfrac{\Delta t}{\Delta x}(p'_{i+1,j}-p'_{i,j})-(\rho u^*)_{i-1,j}^{n+1}+\dfrac{\Delta t}{\Delta x}(p'_{i,j}-p'_{i-1,j})\right\}+ \\ \Delta x\left\{(\rho v^*)_{i,j}^{n+1}-\dfrac{\Delta t}{\Delta y}(p'_{i,j+1}-p'_{i,j})-(\rho v^*)_{i,j-1}^{n+1}+\dfrac{\Delta t}{\Delta y}(p'_{i,j}-p'_{i,j-1})\right\}=0 \\ ap'_{i,j}+bp'_{i+1,j}+bp'_{i,j-1}+cp'_{i,j+1}+cp'_{i,j-1}+d=0 \end{cases} \tag{2.90}$$

其中：

$$\begin{cases} a=\dfrac{2\Delta t}{\Delta x^2}+\dfrac{2\Delta t}{\Delta y^2} \\ b=-\dfrac{\Delta t}{\Delta x^2} \\ c=-\dfrac{\Delta t}{\Delta y^2} \\ d=\dfrac{1}{\Delta x}\left[(\rho u^*)_{i,j}^{n+1}-(\rho u^*)_{i-1,j}^{n+1}\right]+\dfrac{1}{\Delta y}\left[(\rho v^*)_{i,j}^{n+1}-(\rho v^*)_{i,j-1}^{n+1}\right] \end{cases} \tag{2.91}$$

最后可以得到

$$p_{i,j}^{n+1}=-\frac{1}{a}\left[bp'_{i+1,j}+bp'_{i-1,j}+cp'_{i,j+1}+cp'_{i,j-1}+d\right] \tag{2.92}$$

然后通过式（2.93）更新p，直到满足指定的停止条件：

$$p^{n+1}=(p^*)^n+p' \tag{2.93}$$

最后更新速度场：

$$\begin{aligned} (\rho u^*)_{i,j}^{n+1}&=(\rho u^*)_{i,j}^{n}+A^*\Delta t-\frac{\Delta t}{\Delta x}(p_{i+1,j}^*-p_{i,j}^*) \\ (\rho v^*)_{i,j}^{n+1}&=(\rho v^*)_{i,j}^{n}+B^*\Delta t-\frac{\Delta t}{\Delta y}(p_{i,j+1}^*-p_{i,j}^*) \end{aligned} \tag{2.94}$$

2.6.2 人工压缩方法

人工压缩方法是把不可压缩流体看作一种虚拟的可压缩流体，通过改变方程类型求解不可压缩黏性流动的简单有效的算法。人工压缩算法是由Chorin提出来的。其基本思路是：如果定常不可压缩黏性N-S方程组中添加一项时间导数$\frac{\partial}{\partial t}$项，就把它转化为一种虚拟的非定常黏性流动N-S方程组。如果$t\to\infty$，能保证$\frac{\partial}{\partial t}=0$，则非定常可压缩黏性流动逼近不可压缩黏性流动。矢量形式的不可压缩黏性流动N-S方程组为

$$\begin{cases}(\boldsymbol{V}\cdot\nabla)\boldsymbol{V}+\nabla p=\dfrac{1}{\mathrm{Re}}\nabla^2\boldsymbol{V}\\ \nabla\cdot\boldsymbol{V}=0\end{cases}\tag{2.95}$$

为了将定常的N-S方程组进行转化，需要在定常的N-S方程组中加入一项对时间的导数项$\frac{\partial}{\partial t}$。很明显，在动量方程中可以加入$\frac{\partial \boldsymbol{V}}{\partial t}$项。在连续方程中应该加入什么形式的$\frac{\partial}{\partial t}$项呢？在连续性方程中加入$\frac{\partial \rho}{\partial t}$是可以的，但是，在不可压缩黏性流动中密度也是常数。也可以添加$\frac{\partial \boldsymbol{V}}{\partial t}$，但是这样流动速度和压力就解耦，方程组无法直接求出压力。因此，自然会想到在连续方程中直接引入$\frac{\partial p}{\partial t}$项。加入时间导数项$\frac{\partial}{\partial t}$后，人工压缩算法的N-S方程组为

$$\begin{cases}\dfrac{\partial p}{\partial t}+c^2\nabla\cdot\vec{V}=0\\ \dfrac{\partial \vec{V}}{\partial t}+(\nabla\cdot\vec{V})\vec{V}=\nabla(\dfrac{p}{\rho})+\dfrac{1}{\mathrm{Re}}\nabla^2\vec{V}=0\end{cases}\tag{2.96}$$

把它和非定常可压缩黏性流动N-S方程组比较可以发现，动量方程式完全是相同的，但连续方程却是不同的。并且计算实践表明，采用人工压缩算法求解N-S方程组的关键是当$t\to\infty$时，如何保证$\frac{1}{c^2}\frac{\partial p}{\partial t}=0$，连续性方程满足$\nabla\cdot V=0$，所求得的N-S方程组收敛于不可压缩黏性流动。因此，如何选取参数

c^2 是人工压缩算法的关键。

人工压缩算法Matlab代码示例：

```
  global U V Ut Vt rho p pt
global Re Nx Ny dx dy dt c2
global du dv
global dpx  du2x  du2y duux duvy
global dpy dv2x dv2y duvx dvvy
global Ua Va Pa

init_UF;

init_condition;

CFL = 4*dt/(Re*dx*dx)

CFL2 = 4*dt*(1/Re+c2*dt/2)/(dx*dx)

%T=0.2

nt=250

for i=1:nt
   %设置边界条件
   bound_condition();
   %更新压力
   update_p;
   %更新速度场
```

```
    update_u;
end

%绘制结果
hold on;
u10=U(:,10)
plot(u10)

v10=V(10,:)
plot(v10,'r')

figure ;
%绘制流场
quiver(U,V);

function init_UF
global U V Ut Vt rho p pt
global Re Nx Ny dx dy dt c2
global du dv
global dpx  du2x  du2y duux duvy
global dpy dv2x dv2y duvx dvvy
global Ua Va
%global U1n U2n U3n F1n F2n F3n Nx Ny gama a dx X dt

初始化
Nx=30;
Ny=30;
```

```
%Nx=100 %网格节点上数
dt=0.02;
dx=0.1;
dy=0.1;
Re=100;
c=1.5;
c2=c*c;
rho=1;

U=zeros(Ny,Nx);
Ut=zeros(Ny,Nx);
V=zeros(Ny,Nx);
Vt=zeros(Ny,Nx);

%p=zeros(Ny,Nx);
p=ones(Ny,Nx)
pt=zeros(Ny,Nx);

du=zeros(Ny,Nx);
dv=zeros(Ny,Nx);

dpx=zeros(Ny,Nx);
du2x=zeros(Ny,Nx);
du2y=zeros(Ny,Nx);
duux=zeros(Ny,Nx);
duvy=zeros(Ny,Nx);

dpy=zeros(Ny,Nx);
```

```
dv2x=zeros(Ny,Nx);
du2y=zeros(Ny,Nx);
duvx=zeros(Ny,Nx);
dvvy=zeros(Ny,Nx);

Ua=zeros(Ny,Nx);
Va=zeros(Ny,Nx);
End

function re=div_scalar(du,dx)

re=du/dx;

end

function re=div_scalar(du,dx)

re=du/dx;

end

function re=div_vec(du,dv,dx,dy)

re=du/dx+dv/dy;

end

function re=lap_vec(du,dv,dx,dy)
```

```
dx2=dx*dx;

dy2=dy*dy;

re=(du/dx2)+(dv/dy2);

end

function update_u
global U V Ut Vt rho p pt
global Re Nx Ny dx dy dt c2
global dpx  du2x  du2y duux duvy
global dpy dv2x dv2y duvx dvvy
global Ua Va
invRe=1/Re;
%考虑将x方向v速度进行四点加权平均
%考虑将y方向u速度进行四点加权平均

for j=1+1:Ny-1
   for i=1+1:Nx-1
      %上 下 左 右
       Va(j,i)=0.25*(V(j,i)+V(j,i+1)...
                  +V(j-1,i)+V(j-1,i-1));
   end
end

for j=2:Ny-1
   for i=2:Nx-1
```

```
        %压力梯度
        dpx(j,i)=(p(j,i+1)/rho)-(p(j,i)/rho);
        A1=-div_scalar(dpx(j,i),dx);
        %黏性力
        %ddu/dx2+ddu/dy2
        du2x(j,i)=U(j,i+1)-2*U(j,i)+U(j,i-1);

        du2y(j,i)=U(j+1,i)-2*U(j,i)+U(j-1,i);

        A2=invRe*lap_vec(du2x(j,i),du2y(j,i),dx,dy);

        %速度散度
        %d(uu/x)+d(uv/y)
        %duux(j,i)=U(j,i+1).^2-U(j,i-1).^2;
        duux(j,i)=U(j,i+1)*U(j,i)-U(j,i-1)*U(j,i);

        duvy(j,i)=U(j+1,i)*Va(j,i)-U(j-1,i)*Va(j,i);

        A3=-div_vec(duux(j,i),duvy(j,i),2*dx,2*dy);

        Ut(j,i)=(A1+A2+A3)*dt+U(j,i);
        U(j,i)=Ut(j,i);
    end
end

for j=1+1:Ny-1
    for i=1+1:Nx-1
        %上 下 左 右
```

```
        Ua(j,i)=0.25*(U(j,i)+U(j,i-1)...
              +U(j+1,i)+U(j+1,i-1));
    end
end

for j=1+1:Ny-1
    for i=1+1:Nx-1
        %压力梯度
        dpy(j,i)=(p(j+1,i)/rho)-(p(j,i)/rho);
        A1=-div_scalar(dpy(j,i),dy);

        %黏性力
        %ddv/dx2+ddv/dy2
        dv2x(j,i)=V(j,i+1)-2*V(j,i)+V(j,i-1);
        dv2y(j,i)=V(j+1,i)-2*V(j,i)+V(j-1,i);
        A2=invRe*lap_vec(dv2x(j,i),dv2y(j,i),dx,dy);

        %速度散度
        %d(uv/x)+d(vv/y)
        duvx(j,i)=Ua(j,i)*V(j,i+1)-Ua(j,i)*V(j,i-1);

        dvvy(j,i)=V(j+1,i)*V(j,i)-V(j-1,i)*V(j,i);


        A3=-div_vec(duvx(j,i),dvvy(j,i),2*dx,2*dy);


        Vt(j,i)=(A1+A2+A3)*dt+V(j,i);


        V(j,i)=Vt(j,i);
    end
```

```
end

end

function update_p
global U V Ut Vt rho p pt
global Re Nx Ny dx dy dt c2
global Ua Va Pa
global du dv

for j=1+1:Ny-1
   for i=1+1:Nx-1
      du(j,i)=U(j,i)-U(j,i-1);

      dv(j,i)=V(j,i)-V(j-1,i);

      pt(j,i)=-dt*c2*div_vec(du(j,i),dv(j,i),dx,dy)+p(j,i);

      p(j,i)=pt(j,i);
   end
end

end
```

2.6.3 MacCormack方法

麦考马克方法是一种Lax-Wendroff方法的变种，但应用起来更加方便。并且和Lax-Wendroff一样，也是一种显式的有限差分格式，在时间和空间上具有二阶精度。MacCormack方法于1969年提出，并且一经提出就成为求解流动问题的有效方法。该方法非常适合学习，这是最容易理解和用编程实现的方法之一。并且，对于很多问题，该方法都能够给出满意的结果。

在MacCormack方法中，密度可以用下式得到：

$$\rho_{i,j}^{n+1}=\rho_{i,j}^{n}+\left(\frac{\partial\rho}{\partial t}\right)_{av}\Delta t \tag{2.97}$$

式中，$\left(\frac{\partial\rho}{\partial t}\right)_{av}$ 表示在 t 时刻和 $t+\Delta t$ 时刻之间的平均值。通常而言，数值格式要获得二阶精度，就需要计算二阶导数，而二阶导数的计算涉及非常复杂的代数运算。而在MacCormack中，只需要计算$\left(\frac{\partial}{\partial t}\right)_{av}$ 的值，避免了复杂的二阶导数运算。对于其他流场变量，也有类似关系：

$$\begin{cases}u_{i,j}^{n+1}=u_{i,j}^{n}+\left(\frac{\partial u}{\partial t}\right)_{av}\Delta t\\ v_{i,j}^{n+1}=v_{i,j}^{n}+\left(\frac{\partial v}{\partial t}\right)_{av}\Delta t\\ e_{i,j}^{n+1}=e_{i,j}^{n}+\left(\frac{\partial e}{\partial t}\right)_{av}\Delta t\end{cases} \tag{2.98}$$

MacCormack方法主要分为两步，分别为预估步和校正步。

预估步：在连续性方程中，用向前差分代替右边的空间导数，并取泰勒级数的前两项求密度估计值：

$$(\overline{\rho})_{i,j}^{n+1}=(\rho)_{i,j}^{n}+\left(\frac{\partial\rho}{\partial t}\right)_{i,j}^{t}\Delta t \tag{2.99}$$

在该步骤中，$(\rho)_{i,j}^{n}$ 是已知的，偏导数项也可以通过离散得到数值解，因此该表达式的值就不难求出。但是，这仅仅是密度的估计值，并且只有一阶精度，要获得其修正值，还需要经过校正才能获得二阶精度。其他物理量可以采用类似的方法得到：

$$\begin{cases}(\overline{u})_{i,j}^{n+1}=(u)_{i,j}^{n}+\left(\dfrac{\partial u}{\partial t}\right)_{i,j}^{t}\Delta t\\(\overline{v})_{i,j}^{n+1}=(v)_{i,j}^{n}+\left(\dfrac{\partial v}{\partial t}\right)_{i,j}^{t}\Delta t\\(\overline{e})_{i,j}^{n+1}=(e)_{i,j}^{n}+\left(\dfrac{\partial e}{\partial t}\right)_{i,j}^{t}\Delta t\end{cases}\tag{2.100}$$

校正步：在校正步中，首先用向后差分代替连续性方程右边的空间导数，然后用 ρ、u、v 的估计值进行计算，就得到了时间导数在 $t+\Delta t$ 时刻的预估值。以密度计算为例：

$$\left(\frac{\partial \rho}{\partial t}\right)_{av}=\frac{1}{2}\left[\left(\frac{\partial \rho}{\partial t}\right)_{i,j}^{t}+\left(\frac{\partial \overline{\rho}}{\partial t}\right)_{i,j}^{t+\Delta t}\right]\tag{2.101}$$

有了这个平均值，就可计算出 $t+\Delta t$ 密度的校正值：

$$\rho_{i,j}^{t+\Delta t}=\rho_{i,j}^{t}+\left(\frac{\partial \rho}{\partial t}\right)_{av}\Delta t\tag{2.102}$$

MacCormack方法的主要思想是先通过动量方程得到各个偏导数，再利用该偏导数进行原始变量的更新，然后再次利用动量方程进行偏导数的计算。对两个偏导数进行平均，得到最终的偏导数，利用该平均偏导数来校正最终得到的原始变量。在MacCormack中，预估步中用向前差分，校正步中用向后差分，但是这并不是一成不变的。如果在预估步中先用向后差分，在校正步用向前差分，也可以达到同样的二阶精度。实时上，在时间推进求解过程中，可以在相邻的两个时间步中轮流使用这种方法。

2.7 小结

由于偏微分方程的性质与求解方法密切相关，因此有必要对偏微分方程的种类、基本性质、离散方法进行必要的研究。本章从偏微分方程分类方法入手，介绍了抛物型、椭圆型和双曲型偏微分方程的判断方法及其基本性质。并采用Taylor级数方法对差分方法进行了推导，对差分格式的相容性、收敛性和稳定性进行了详细的介绍。针对差分方程收敛性条件判断困难的问题，介绍了Lax等价定理。对于适定和线性的偏微分方程初值问题，若逼近它的差分方程与它是相容的，则差分方程的稳定性是保证差分方程收敛的充分必要条件，该定理对于判断差分方程的收敛性更加便捷。

针对线性系统求解过程中的误差度量问题，介绍了几种常用的误差向量范数定义，比较了每种误差范数的特点。着重介绍了不同误差向量特点，比如在一定条件下L-∞范数要优于L2范数，因为L-∞范数与误差向量元素个数是无关的。当然在实际应用中还是需要根据实际情况来选择不同的误差的度量方法。书中，L2范数主要应用于进行油膜几何中心之间误差的比较。L-∞范数应用于不同网格分辨率数值计算间误差的比较。

第3章 流体与移动复杂障碍交互模拟

3.1 引言

流体模拟在自然界中具有重要的应用价值及研究意义，同时也是计算机图形学的研究热点。其在电影特效、计算机游戏、虚拟军事演习、虚拟教育等领域有着广泛的应用。随着计算机硬件性能的提升，如何更加高效、逼真地模拟流体及其交互有着迫切的需求。

传统流体模拟方法主要有欧拉方法和拉格朗日方法。欧拉方法可以比较容易地构造液体表面，编程简单容易实现，但不适合求解大变形流体。基于粒子的拉格朗日方法可以保证能量守恒，可以模拟小尺度细节，但是无法方便地进行表面重构，且需要进行相邻粒子搜索，计算量大。为此，众多学者开始探索结合欧拉方法和拉格朗日方法优点进行流体模拟研究。布拉克比尔等[103]首次将FLIP方法引入计算机图形学领域，该方法对NS方程中的对流项采用完全拉格朗日方法，将网格速度变化量插值到粒子中，几乎完全消除了数值耗散，同时保证质量守恒，因而得到了广泛的应用。但由于在FLIP方法中大量粒子对表面重构并没有贡献，弗斯特等[105]提出采用NBFLIP方法进行流体模拟，在降低计算量的同时又不降低细节精度，该方法在流体模拟领域具有很大的潜力。

针对现有的NBFLIP方法不能处理移动障碍交互的问题，我们提出考虑移动障碍速度的移动障碍边界处理方法，将障碍速度边界条件引入线性系统中，通过对速度边界条件和压力边界条件的修正，成功实现了基于NBFLIP方法的移动障碍交互方法。该方法可以模拟流体与复杂障碍运动交互及自由液面，复杂障碍采用带符号距离函数（Signed Distance Function，SDF）方法进行离散，该方法可以模拟移动障碍与流体交互效果，同时也进一步扩展了NBFLIP方法的应用范围。

Zhu等[134]采用FLIP方法和PIC方法结合对沙子进行模拟，成功地模拟了沙子流动的黏性效果。巴提等[125]提出基于变分原理的流固耦合，成功进行狭长障碍的流体交互。科尼利斯等[135]和Zhu[134]结合FLIP方法和SPH方法进行不可压缩流体模拟，更加逼真地模拟流体细节效果。博伊德等[136]、崔楠等[137]采用Multi-FLIP方法进行多相流模拟，将FLIP方法应用到不可压缩两相流体模拟中，该方法成功对液体及周围气体相互作用进行了模拟。在FLIP方法中，需要在网格中布置粒子对界面进行捕捉，但是由于大量粒子对界面的捕捉并没有贡献，因此弗斯特等[105]提出NBFLIP方法进行流体模拟。该方法通过在界面附近的一个狭窄的边界内内布置粒子，而不是在全部网格中布置粒子。

3.2 基于NS方程的流体模拟

3.2.1 流体控制方程

流体模拟通常基于NS方程组，它是描述不可压缩流体运动的基础。NS方程如下：

$$\frac{\partial \boldsymbol{V}}{\partial t}+(\boldsymbol{V}\cdot\nabla)\boldsymbol{V}+\nabla\left(\frac{p}{\rho}\right)+\mu\nabla^2\boldsymbol{V}=f \tag{3.1}$$

$$\nabla\cdot\boldsymbol{V}=0 \tag{3.2}$$

其中：式（3.1）为动量方程，从第2项开始分别为对流项、压力梯度项、扩散项和外力项；式（3.2）是连续性方程，是反应流场中散度特征的方程；p为压强；V为速度矢量；ρ为密度；μ为黏性系数；f为外力项。

如何实现NS方程稳定高效求解，是流体模拟方法的关键。由于需要满足CFL（Courant Friedrichs Lewy）条件，且NS方程具有多种偏微分方程性质，很难采用统一数值方法处理方程中每一项。鉴于此，斯塔姆[106]提出了采用隐式方法处理NS方程中的对流项。由于隐式方法是无条件稳定，可以保证在采用大步长的同时保证稳定性。因此它被广泛应用与不可压缩流体模拟中。

如式（3.3）所示，压力项满足

$$\frac{u^{t+1}-u^{t}}{\Delta t}=-\frac{\nabla p}{\rho} \tag{3.3}$$

对于压力梯度项离散得到

$$\frac{u_{i}^{t+1}-u_{i}^{t}}{\Delta t}=-\frac{p_{i+1,j,k}-p_{i,j,k}}{\rho} \tag{3.4}$$

不可压缩流体速度场应满足无散条件。通过动量方程得到的速度场往往不满足无散条件，因而需要对速度场进行无散条件修正，即

$$\frac{u_{i+1,j,k}^{n+1}-u_{i-1,j,k}^{n+1}}{2\Delta x}+\frac{v_{i,j+1,k}^{n+1}-v_{i,j-1,k}^{n+1}}{2\Delta y}+\frac{w_{i,j,k+1}^{n+1}-w_{i,j,k-1}^{n+1}}{2\Delta z}=0 \tag{3.5}$$

对于黏性项而言，其离散与散度离散方法相似，常采用中心差分格式进行离散。为了保证速度场的无散条件，需要对速度场进行投影。由于压力投影算法需要求解压力Poisson方程，因此常用雅克比迭代方法或者预条件共轭梯度算法进行Poisson方程求解。

3.2.2 压力投影算法

压力投影算法由乔林[138]首先提出，压力投影算法具有思路清晰、计算简单、适应性好、易于编程、计算稳定和计算精度高等优点。因此在不可压缩黏性流动中得到了广泛应用。

(1) 压力投影算法的基本思路

投影算法是一种显式分步算法，矢量形式动量方程为

$$\frac{V^{n+1}-V^{*}}{\Delta t}+A(V^{n})+\nabla p^{n+1}-\frac{1}{\mathrm{Re}}\nabla^{2}V^{n}=0 \tag{3.6}$$

动量方程分成两步计算。第一步，先忽略动量方程中的压力效应，得到修正后动量方程：

$$\frac{V^{n+1}-V^{*}}{\Delta t}+A(V^{n})-\frac{1}{\mathrm{Re}}\nabla^{2}V^{n}=0 \tag{3.7}$$

其中，$A(V^n)$ 为动量方程中的对流项。第二步，再对压力效应进行修正：

$$\frac{V^{n+1}-V^{*}}{\Delta t}+\nabla p^{n+1}=0 \tag{3.8}$$

然后利用连续方程得到压力修正方程：

$$\nabla^2 p^{n+1} = \frac{1}{\Delta t}\nabla \cdot V^* \tag{3.9}$$

得到压力之后，再根据式（3.2）进行速度修正。以上为一个时间步的计算流程，然后重复上述步骤直到计算收敛稳定。

（2）压力投影算法的实现及算例验证

针对NS方程中的非线性对流项，采用隐式方法进行处理以确保计算稳定。黏性项采用迎风差分格式，压力Possion方程采用迭代法进行计算。为验证压力投影算法计算准确性，采用压力投影算法进行CFD基准问题验证，并将计算结果与文献结果进行对比。计算结果如图3.1所示，星号和菱形符号分别表示文献[139]中的u和v结果。实线和虚线为计算结果，其中实线表示垂直中线处速度u分量，虚线表示水平中线上速度v分量的计算结果。从结果可以看出，本方法计算结果与文献结果吻合良好，验证了压力投影算法的可靠性。

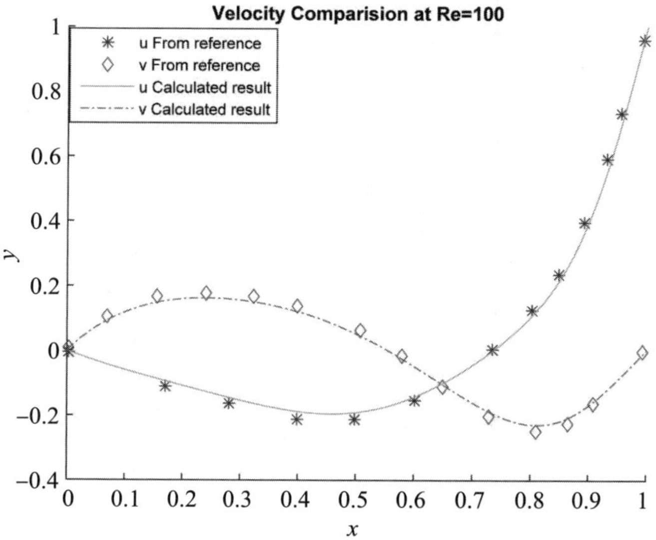

图3.1 压力投影算法求解结果验证

3.3 基于带符号距离函数的复杂边界障碍离散

3.3.1 二维边界障碍带符号距离函数离散方法

边界障碍离散是流体交互模拟中非常重要的一个环节。本节介绍采用带符号距离函数（Signed Distance Function，SDF）[140]的边界障碍离散方法。

符号距离场定义如下：

$$\begin{cases} \varphi(x,y,z)<0, & \text{Inside } \Gamma \\ \varphi(x,y,z)=0, & \text{On } \Gamma \\ \varphi(x,y,z)>0, & \text{Outside } \Gamma \end{cases} \tag{3.10}$$

其中：Γ 为边界区域；(x,y,z) 为该点坐标位置；$\varphi(x,y,z)$ 为 (x,y,z) 处 SDF 值，在边界内部SDF小于零，在边界外部SDF大于零，在边界上SDF等于零。

二维平面中边界障碍的SDF计算可根据其定义进行，先将计算区域进行网格离散，然后计算所有网格到边界障碍的最短距离来实现SDF的计算。

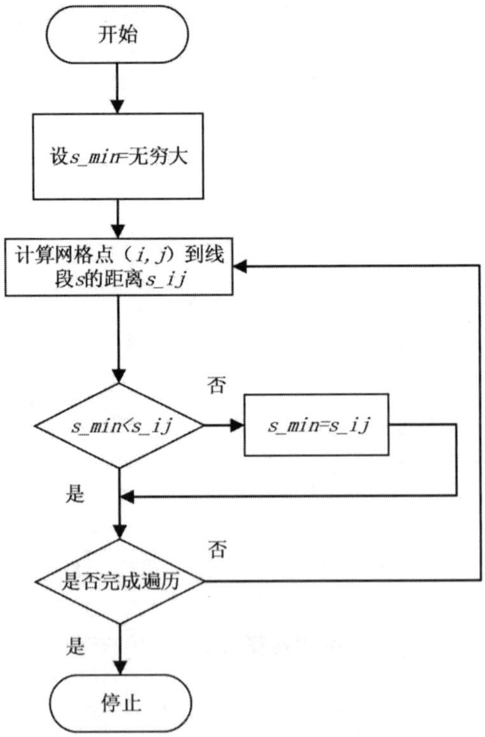

图3.2　二维障碍SDF计算流程图

二维平面中边界障碍SDF计算方法如图3.2所示：设s_min为网格点（i，j）到障碍的最短距离，s_ij为网格点到边界障碍线段s的距离。计算开始时先将s_min初始化为一个很大的值（无穷大），然后遍历所有网格点，分别比较网格点（i，j）到障碍边界线段的距离。如果s_min小于等于s_ij，说明当前的最短距离比到线段s的距离s_ij更小，则最短距离保持不变；否则，如果s_min大于s_ij，则说明网格点到线段s的距离更短，则更新网格点到障碍边界的最短距离，直到完成所有网格点的遍历，最后得到边界障碍的SDF。

3.3.2　基于带符号距离函数的三维边界障碍离散方法

（1）点到三角形的最短距离

由于现有的三维模型大多是以三角形面片的形式存在，因此在三维符号边界距离场计算过程中，点到三角形面片的距离计算是其中最重要的环节之一。

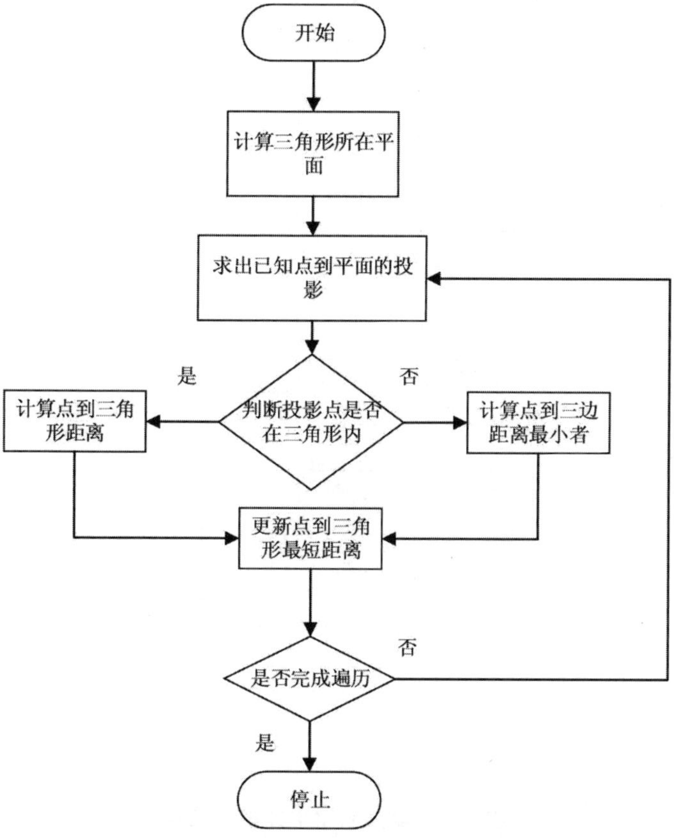

图3.3　计算点到三角形的最短距离的算法

求点到三角形的距离需要考虑多种情况。若投影在三角形面片内，则直接计算点到平面的距离。否则分别计算该点到三角形面片每条边的距离，取三个距离的最小值。

（2）基于符号距离函数的三维边界障碍离散

与二维平面SDF计算方法类似，三维符号距离场计算方法的不同主要在于计算的距离是点到三角形面片的距离，而不是线段的距离。另外，网格的遍历也从二维增加到三维，其余过程类似。但是由于实际上模型往往是保存在文件中，如obj格式或者ply格式等，因此首先需要将模型加载到内存中，并进行适当的平移和缩放变化，然后根据计算得到的包围盒进行网格宽度的计算。在计算过程中，首先遍历计算所有网格到障碍三角面片的最短距离，而后根据内外部关系判断距离的符号，即如果在障碍内部，则符号为负，否则符号为正。

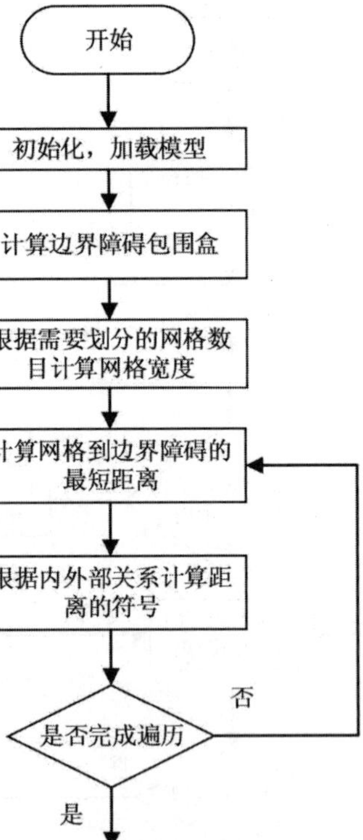

图3.4　三维障碍SDF计算流程图

（3） 三维边界障碍符号距离场计算结果

如图 3.5 所示为原始边界障碍绘制结果，图 3.6 所示为采用 SDF 计算方法得到的结果，网格分辨率为 128^3，图 3.7 为中间剖面的 SDF 等值线绘制结果，其中加粗等值线为零等值线，也就是障碍所在的位置。比较图 3.5 和图 3.6 可以看出：SDF 计算方法反映出原始障碍的轮廓信息，这对于后续的流体障碍交互非常重要。

图 3.5　原始边界障碍绘制结果

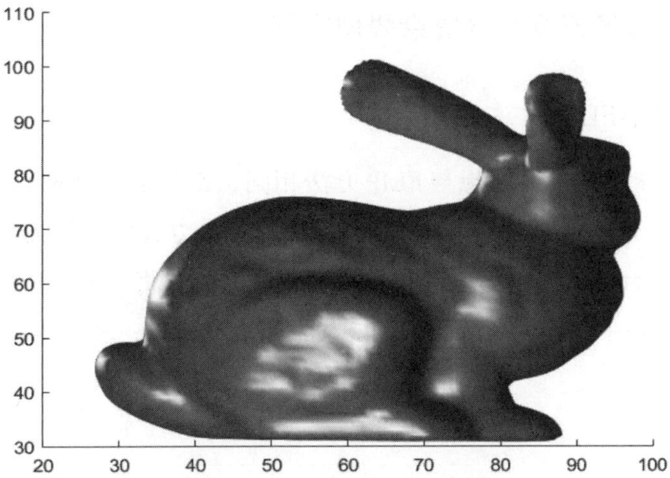

图 3.6　三维障碍 SDF 计算结果

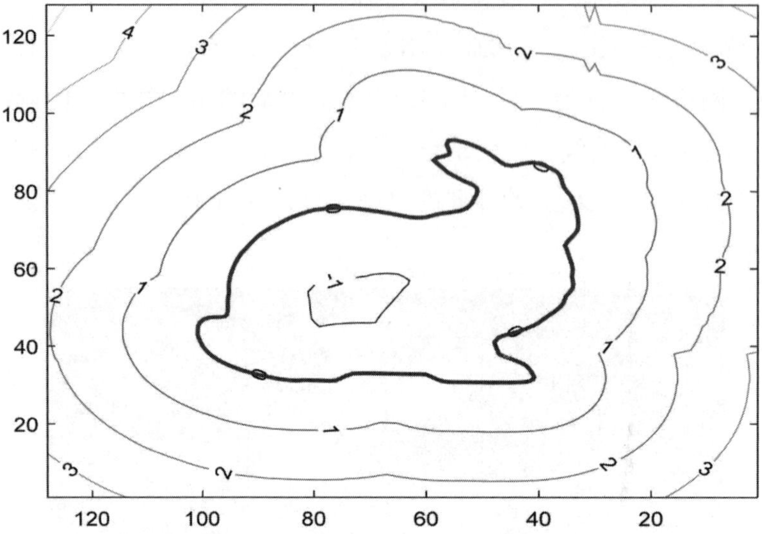

图 3.7 障碍中心剖面 SDF 等值线

图 3.7 反映出原始障碍的 SDF 等值线，得到障碍 SDF 之后就可以方便地进行障碍与流场的交互。采用 SDF 进行边界障碍离散，在处理碰撞检测时非常简单，只需进行 SDF 值查询或者插值，这非常有利于后续刚体与流体的交互、软体障碍与流体的交互以及障碍与流体交互的并行处理等。

3.4 流体模拟及移动复杂障碍交互

3.4.1 NBFLIP 方法介绍

NBFLIP 方法的主要思想与 FLIP 方法相同，都是通过在网格内布置粒子，对流和障碍边界处理通过这些粒子来实现。而 NS 方程的求解需要将粒子的属性如速度、压力插值到网格上进行。求解完成之后再将速度、压力等属性插值到粒子上进行粒子属性的更新，从而完成一个周期求解，具体算法流程如图 3.8 所示。

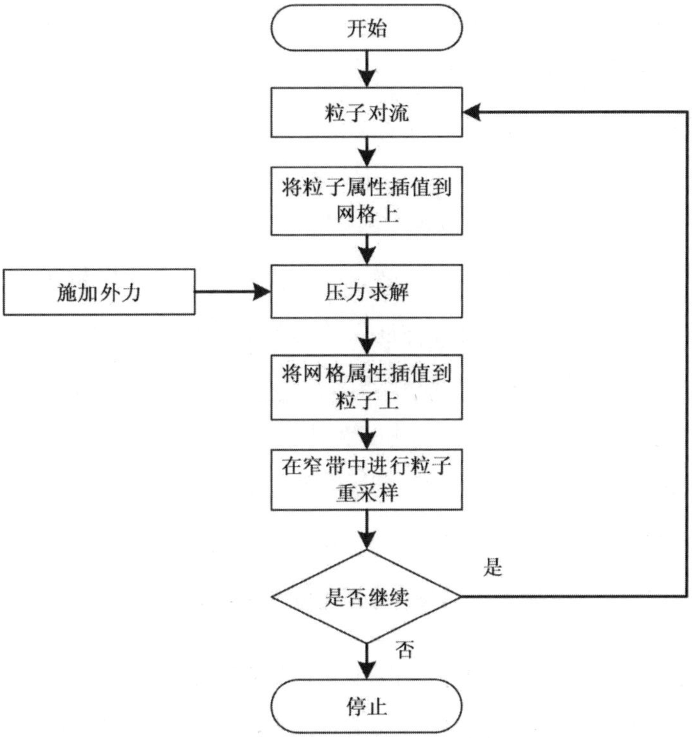

图3.8　NBFLIP方法流程图

算法3.1：NBFLIP算法流程

第一步，设置初始条件、边界条件，在区域中对粒子进行对流求解；

第二步，将对流后粒子速度插值到网格，从而实现网格速度属性的更新；

第三步，添加外力项（如果有外力）；更新SDF，便于下一步的障碍边界交互；

第四步，在网格上进行压力投影实现压力求解，并根据更新后的压力进行速度修正，更新网格上的速度；

第五步，将网格上更新后的速度插值到粒子上，进行粒子速度更新；

第六步，在窄带区域中进行粒子重采样，采样的目的在于降低系统中的粒子数量，实现计算效率提升。

3.4.2　基于NBFLIP方法的流体模拟

与FLIP方法相比，NBFLIP方法的主要改进在于将粒子限制在窄带区域中，这样可以删除窄带以外区域的粒子，减少粒子数量，以实现提升计算效率的目的。而为了保证将粒子限制在界面附近的窄带区域内，需要对所有粒子进行重采样，以删除多余粒子。

$$u_F^* = \begin{cases} u_F^p, & \text{if SD} \geqslant -r \\ u_F', & \text{else} \end{cases} \tag{3.11}$$

其中，u_F^* 为最终对流采用的速度，u_F^p 为通过FLIP方法计算得到的速度，u_F' 为通过半隐式对流后得到的速度，SD为符号距离（Signed Distance）。在NB-FLIP方法中，对边界附近区域的划分如图3.9所示，边界区域分为窄带区域、结合区域和重采样区域。该窄带区域即为本文所指的窄带区域。对于结合区域，粒子速度和网格速度满足式（3.11）。重采样区域是进行粒子重采样的区域。设置重采样区域是为了不干扰界面处粒子，以减少人为干扰。通常情况下设 R=3h，r=2h（h 为网格宽度）。其中 r 为窄带区域离边界的距离，R 为重采样区域离边界的距离。

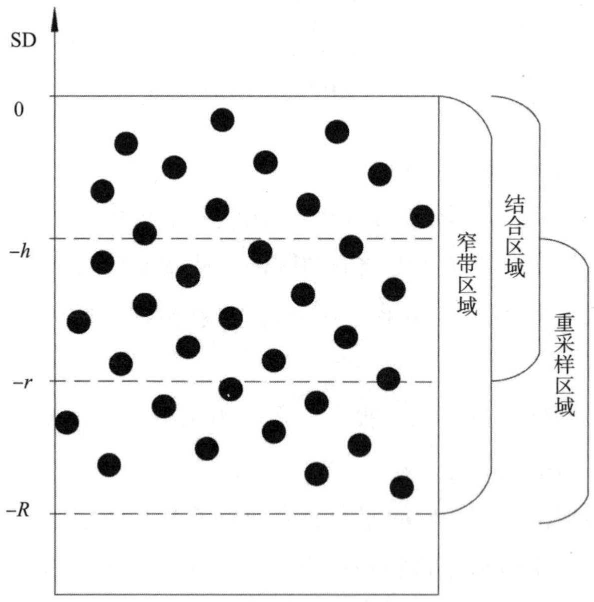

图3.9 NBFLIP方法中各区域分解示意图

3.4.3　移动复杂障碍边界及自由液面处理方法

（1）移动障碍边界条件推导

如式（3.3）所示，在压力投影算法中，速度和压力之间满足：

$$u^{t+1}=u^{t}-\Delta t\frac{\nabla p}{\rho} \tag{3.12}$$

同时，更新后的速度场满足无散条件，即式（3.2）：

$$\nabla\cdot\boldsymbol{V}^{t+1}=0 \tag{3.13}$$

固体障碍边界满足不可穿透条件：

$$u^{t+1}\cdot\vec{n}=u_{\text{solid}}\cdot\vec{n} \tag{3.14}$$

其中，u^{t+1}为液体中速度场，$\vec{n}$为固体障碍法向量，u_{solid}为固体障碍移动速度。将式（3.14）代入式（3.12）得到

$$(u^{t}-\Delta t\frac{\nabla p}{\rho})\cdot\vec{n}=u_{\text{solid}}\cdot\vec{n} \tag{3.15}$$

等价于

$$\nabla p\cdot\vec{n}=\rho\frac{u^{t}\cdot\vec{n}-u_{\text{solid}}\cdot\vec{n}}{\Delta t} \tag{3.16}$$

令

$$rhs=\rho\frac{u^{t}\cdot\vec{n}-u_{\text{solid}}\cdot\vec{n}}{\Delta t} \tag{3.17}$$

则压力满足：

$$\nabla p=rhs \tag{3.18}$$

对两边同时取散度：

$$\nabla^{2}p=\nabla rhs \tag{3.19}$$

得到一个典型的拉普拉斯方程，可以采用雅克比迭代或高斯赛德尔迭代等方法进行求解。这就是压力投影算法中压力和速度在固体障碍边界处应该满足的条件。在以往的方法中，通常是直接处理方式，即直接将界面处网格的速度设置为零，也就是静止障碍的速度。而本书提出的方法不仅可以处理静止障碍，此时只要将u_{solid}设置为零即可；还可以处理移动障碍，因此可以采用统一的方法处理静止障碍和移动障碍边界条件。

（2）移动障碍边界离散实现

固体障碍边界离散采用SDF进行。在流体模拟中，流体运动控制方程采用NS方程。边界条件在投影过程中进行处理，如式（3.20）所示，以二维情况为例：假设grid（j，i）为流体，而相邻网格可能有固体障碍或者自由液面存在，压力修正方程离散后得到

$$\Delta t\frac{u_{i+1,j}-u_{i,j}}{\Delta x}+\Delta t\frac{v_{i,j+1}-v_{i,j}}{\Delta y}=\frac{p_{i+1,j}^{n}-2p_{i,j}^{n+1}+p_{i-1,j}^{n}}{\Delta x^{2}}+\frac{p_{i,j+1}^{n}-2p_{i,j}^{n+1}+p_{i,j-1}^{n}}{\Delta y^{2}} \quad (3.20)$$

当存在自由液面或者固体障碍边界时，具体处理方法如算法3.1及图3.10所示。在该算法中，见表3.1所列，cell是网格的标记，也称为标记网格（Maker Cell），用于表示网格是流体（Fluid）、固体障碍（Solid）或者是自由液面（Empty）。Fluid表示当前网格充满了流体。Solid表示当前网格为固体障碍。而Empty表示当前网格为空，也就是自由液面，这是流体和空气的交界面。cell网格可以通过SDF来进行更新，其符号由SDF来决定。pl、pr、ptop、pbot分别是压力投影过程中压力节点左、右、上、下的系数，边界条件可以通过该系数及rhs项进行控制。

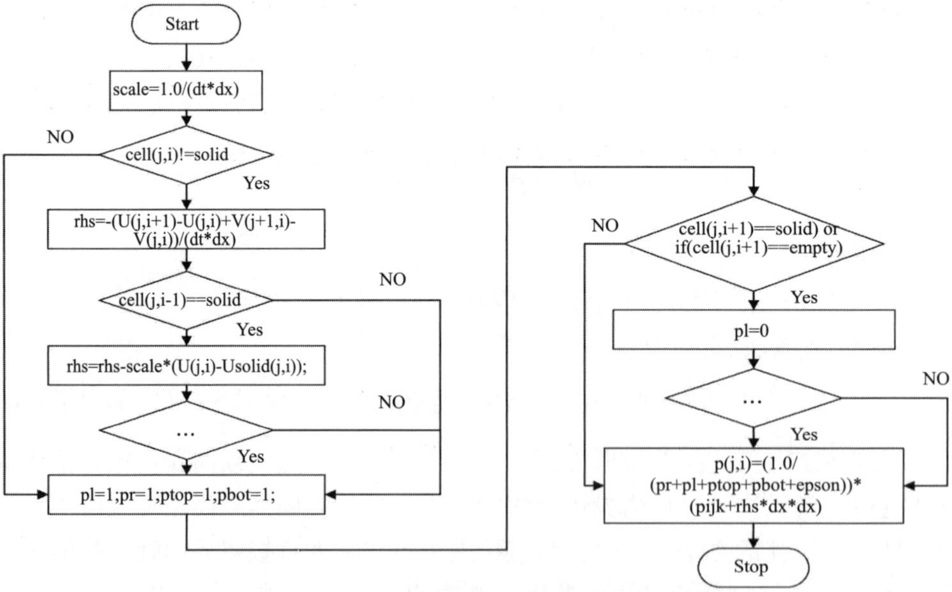

图3.10 复杂移动障碍边界处理方法

表3.1　**标记网格种类及意义**

Tab. 3.1　Type and meaning of Maker Cell

标记网格	代表网格	意义
Fluid	流体	网格充满流体
Solid	固体障碍	网格为障碍物
Empty	空	网格为空或自由液面

对于空网格而言，压力设置为零，如算法3.2所示，也就是若cell(j,i+1)为空。对于固体障碍边界而言，同样首先也需要将网格压力设置为零。然而，还需要进行无散条件处理，即rhs=rhs-scale*(U(j,i)-Usolid(j,i))。其中Usolid为固体障碍的u方向速度，通过这种方式可以将无散条件（Divergence Free）引入固体障碍边界中。

如图 3.10 及算法3.2所示为复杂移动障碍边界条件处理方法。首先根据式（3.18）进行rhs项计算，在计算过程中，需要分别判断当前网格节点的4个相邻节点网格的种类。若cell(j,i-1) 为障碍，rhs=rhs-scale*(U(j,i)-Usolid(j,i)),其余3个方向节点修正方法类似。而后需要进行压力拉普拉斯方程的迭代求解，可以采用雅克比迭代方法进行。此处同样需要考虑障碍边界的影响。设当前节点右端相邻节点压力系数为pr，可以先设pr=1。然后根据该节点的状态进行压力修正。若cell(j,i+1) 为障碍或cell(j,i+1)为空，则pr=0，其余三个方向节点压力系数修正方法类似。用这种方法可以方便地进行压力拉普拉斯方程的求解。

算法3.2**：自由液面及移动障碍边界条件处理方法伪代码**

```
令scale=1.0/(dt*dx),epson=1e-6
如果cell(j,i)不为障碍
则令rhs=-(U(j,i+1)-U(j,i)+V(j+1,i)-V(j,i))/(dt*dx)
  若cell(j,i-1)为障碍
    则rhs=rhs-scale*(U(j,i)-Usolid(j,i)),其余三个方向处理方法相同;
令pl=1;   pr=1;   ptop=1;   pbot=1;
  若cell(j,i+1)为障碍或cell(j,i+1)为空
    则pr=0;
     其余三个方向处理方法相同;
令pijk=pr*p(j,i+1)+pl*p(j,i-1)+ptop*p(j+1,i)+pbot*p(j-1,i)
则p(j,i)=(1.0/(pr+pl+ptop+pbot+epson))*(pijk+rhs*dx*dx)(雅克比迭代)
```

3.4.4 流体与复杂障碍交互模拟结果分析

（1） 自由液面模拟及结果

为了对NBFLIP方法模拟效果进行验证，本书选取安多等[141]的算例进行对比。流体表面采用Fast Marching方法[142]进行重构。安多等[141]的网格分辨率为256^3，由于受到计算条件的限制，网格分辨率设置为128^3。

本实验模拟结果采用C++编程实现，编译器采用微软Visual Studio 2015集成编译环境，操作系统为Windows 7 64位，后续实验同样是基于该运行环境。

实验条件设置：流体密度为1000 kg/m^3；流体计算区域为边长为1的正方体，底部流体高度为0.3；左边矩形水体长、宽、高分别为0.4、0.8、0.5；球形液滴位置分别为（0.8，0.5，0.35）和（0.6，0.7，0.35），液滴半径均为0.1。

(a)0.0 s

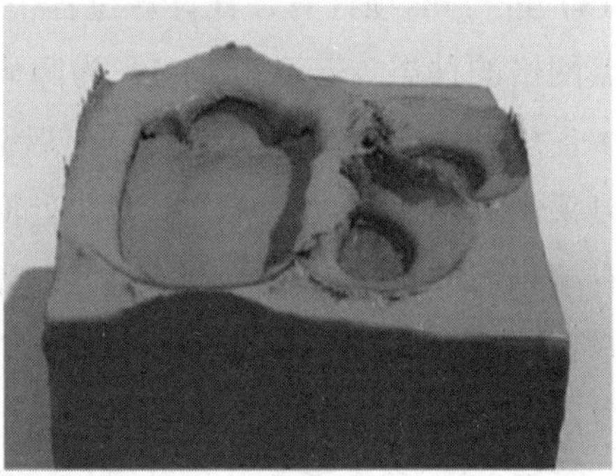

(b)0.4 s

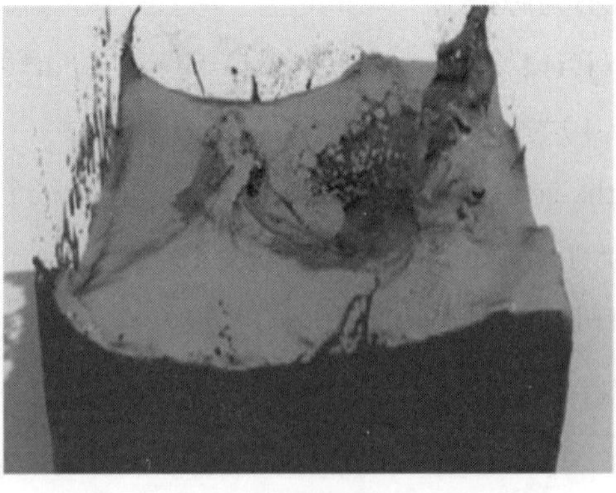

(c)0.8 s

图3.11 安多等[141]的模拟结果(分辨率为256^3)

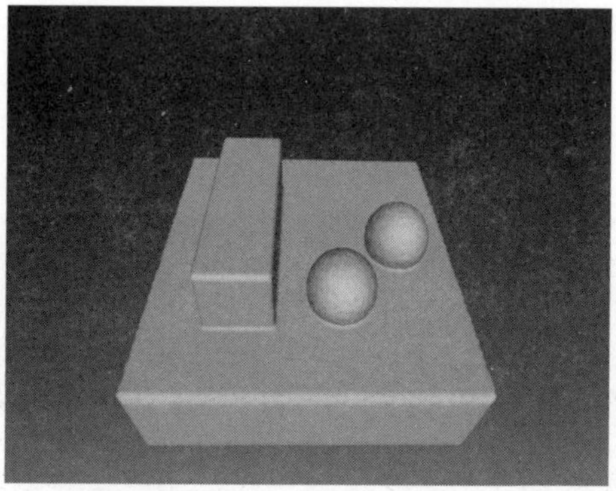

(a)0.0 s

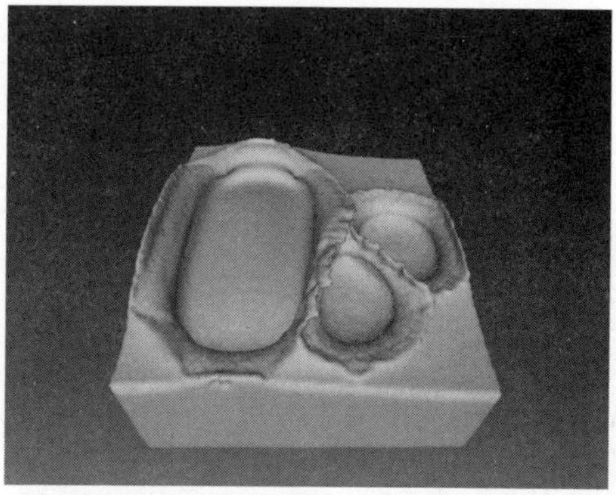

(b)0.4 s

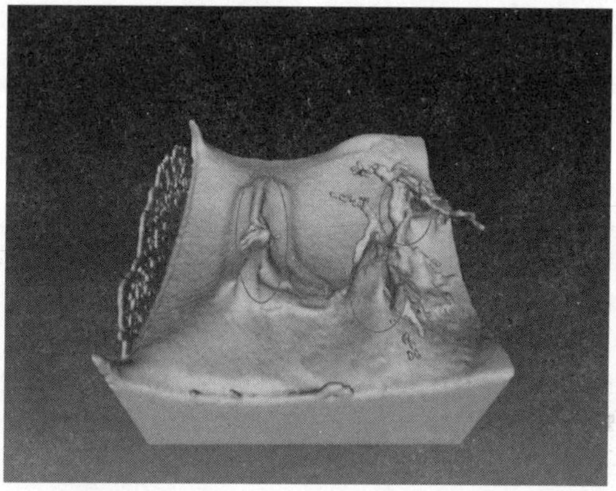

(c)0.8s

图3.12 本书所用方法的模拟结果(分辨率128^3)

本书采用128^3网格分辨率进行模拟结果对比，与文献结果对比可以看出：在0.4 s时，在重力作用下，矩形液滴和球形液滴对底部液体产生冲击。在冲击作用下，底部液体向四周排斥，产生了类似于“牛奶皇冠”效果，这是流体模拟中的一种常见现象。在0.8 s时，由冲击影响而排开的液体在重力作用下逐渐恢复到原来位置，如图 3.12（c）中椭圆形标注出来的区域所示，同时在惯性力作用下在液体汇聚位置产生冲击，从而产生飞溅效果。从图 3.12（c）图中可以看出，在椭圆形标注的区域产生飞溅效果，该现象与图 3.11（c）对应位置效果一致。因此，从结果对比可以看出模拟结果与安多等[141]的模拟结果一致。尤其是当圆形液体或矩形液体下落后形成的带有明显冲击效果的自由液面，以及在惯性力作用下产生的飞溅效果，与文献结果相吻合，说明该方法的有效性。但是在最后也可以看出，在细节上液滴飞溅效果精细程度方面，由于受到计算机硬件资源的限制，采用128^{3}网格分辨率并没有安多等[141]采用256^{3}分辨率模拟结果精细。

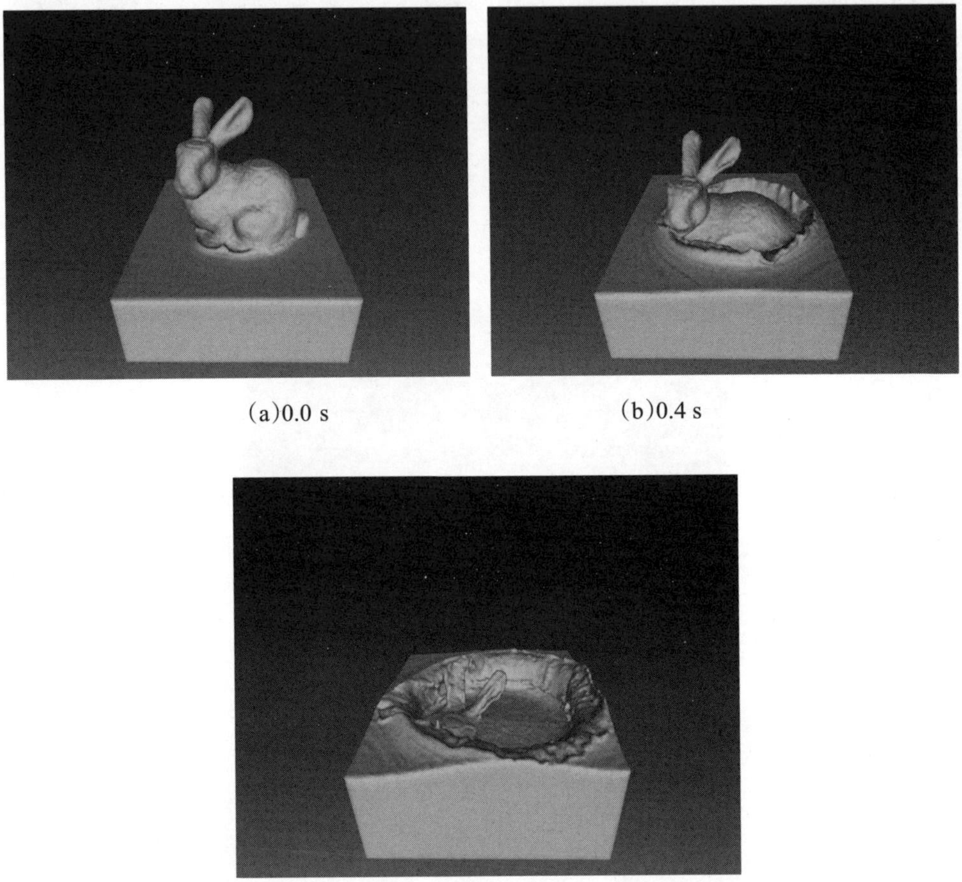

(a)0.0 s　(b)0.4 s

(c)0.8 s

图3.13　Bunny自由下落自由液面

图 3.13模拟的是Bunny形状液滴下落时自由液面效果模拟。网格分辨率为128^3，底部流体高度为0.3。该实验用于模拟更加复杂形状的自由液面效果。其中图（a）为初始状态。图（b）为运行0.4 s后的结果；可以看出，当Bunny与底部流体接触后同样形成了类似的皇冠状效果，这与图 3.12（b）的结果类似，而Bunny上部躯干依然保持原来形状。这种类似的皇冠效果主要是由于上

部液体在重力作用下对底部流体的冲击影响。而当运行至0.8 s时，如图（c）所示，Bunny几乎完全没入底部液体中，同时皇冠状效果更加明显。该实验结果反映了复杂形状流体与自由液面追踪效果。

该实验与前一个实验的区别在于此处交互的液体形状更加复杂，体现了该方法可以模拟任意复杂形状流体交互的能力。同时从结果可以看出，不论是简单形状的矩形液滴、圆形液滴或者更加复杂的形状液体，在自由下落过程中，通常都会形成这种“牛奶皇冠”效果，这与安多等的研究[141]相符。

（2）复杂障碍交互模拟及结果

实验条件设置：流体密度为1000 kg/m^3；流体计算区域为边长为1的正方体，底部流体高度为0.3，左边液体长宽高分别为0.2、1.0和0.75。

如图3.14所示，左边上、中、下三图分别为初始时刻0.0 s、0.4 s、0.8 s结果；右侧为1.2 s时的结果。其中兔子为固体障碍物，其余部分为液体。当实验开始时，左边液体在重力作用下开始向下运动，并与底部液体产生交互。而后在0.4 s时，液体分别与左边边界及右边的兔子障碍边界产生交互。在重力作用下，在液体下落的同时向左、右两边翻卷。在0.8 s时，左边翻卷液体在重力作用下再次回落，与底部液体产生交互；而右边产生飞溅。在1.2 s时，如图3.14中右图所示，液体经过多次飞溅和回落，将固体障碍部分浸没。

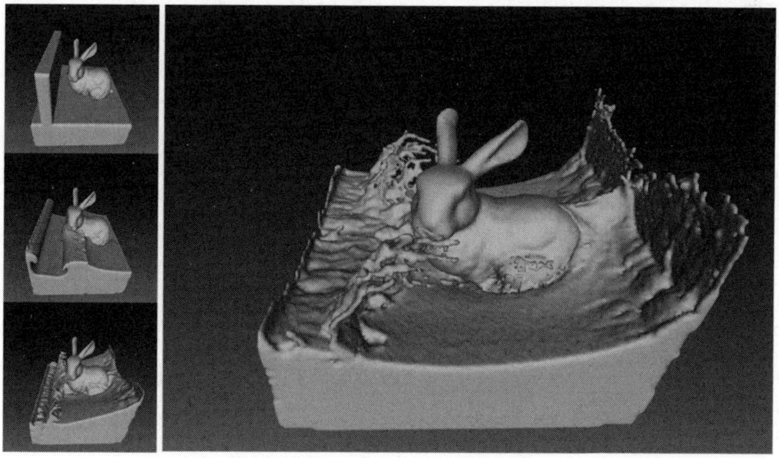

图3.14　流体与复杂障碍交互结果（分辨率为128^3）

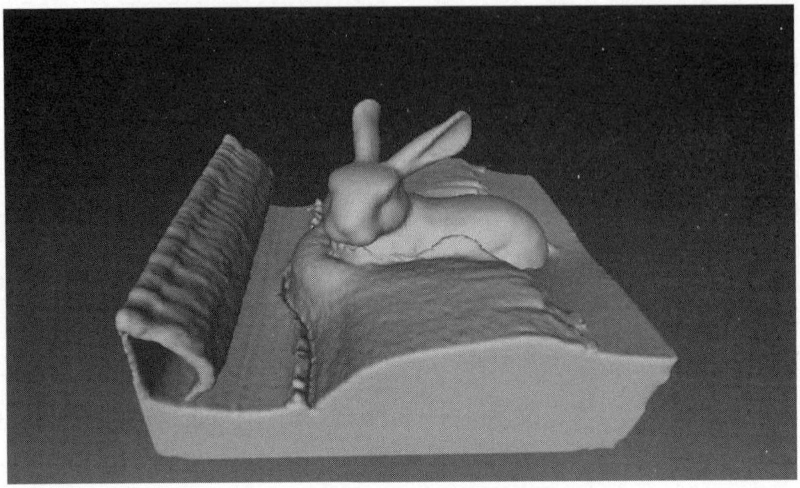

图3.15 流体与障碍交互渲染效果

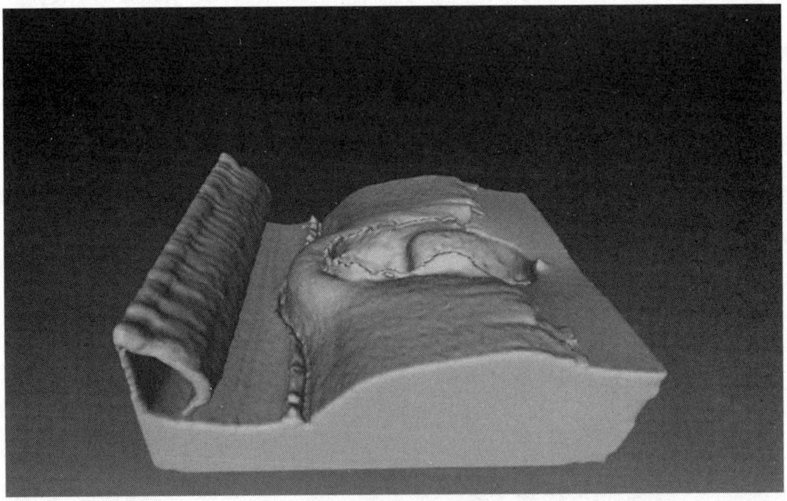

图3.16 流体单独渲染结果

图 3.15 和图 3.16 为 0.4 s 时刻局部放大效果。其中，图 3.15 为液体和障碍一起的绘制效果，图 3.16 为液体单独的绘制效果。从这两图的对比可以看出，当液体回落并与底部液体交互时，兔子形状障碍始终将液体排斥在外，没有穿透障碍边界。说明该方法有效处理了复杂障碍边界情况，成功体现了固体障碍与流体交互效果。

（3） 流体与移动障碍交互模拟及结果

实验条件设置：流体密度为1000 kg/m^3，网格分辨率为160^3；下落圆柱形流体半径为0.1；Bunny向上移动速度为0.1 m/s。

(a)0.2 s

(b)0.6 s

(c)1.0 s

图3.17　流体与移动障碍交互效果

图 3.17模拟的是移动障碍与流体交互结果。在实验开始后0.2 s时，Bunny开始与流体接触。在0.6 s时，随着流体的持续流下以及Bunny的向上运动，导致Bunny几乎被流体完全包围，同时Bunny周围流体呈现出其原始轮廓形态。在1.0 s时，除了部分流体已经接触底部以外，由于Bunny移动产生的液体飞溅

效果更加明显。该结果体现了本书所用方法有效处理移动复杂边界的情况，当移动障碍向上运动时，障碍周围流体被排斥在外，成功反映了移动固体障碍与流体交互的效果。

（4）模拟结果分析

能量和粒子数量对比：粒子平均能量计算方法如式（3.21）所示，m为粒子质量；u、v、w为粒子在x、y、z方向的分速度；i为粒子索引号；n为粒子总数量。在该组实验中，系统运行250帧。如图3.18所示及表3.2所列，在NB-FLIP方法中，粒子总能量为1.4567e+07，粒子总数量为25 715 512，粒子平均能量为0.57。而在FLIP方法中，粒子总能量为5.9452e+07，粒子总数量为185 784 813，粒子平均能量为0.32。FLIP方法粒子总量为NBFLIP方法的7.2倍，即NBFLIP方法中粒子数量减少86%。从图3.19可以看出，NBFLIP方法耗散小于FLIP方法，这与博伊德等[104]和费尔斯特等[105]计算结果一致，即能量变化总体呈减小趋势。

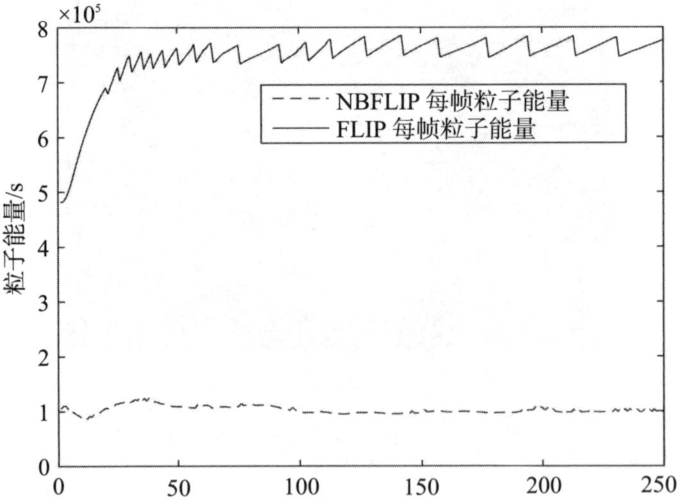

图3.18　FLIP方法与NBFLIP方法粒子数量对比

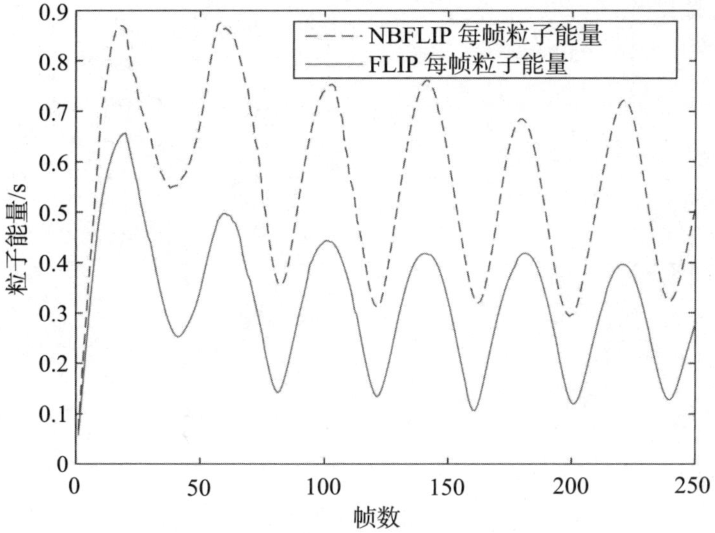

图3.19　FLIP方法与NBFLIP方法粒子能量比较

$$\text{Average}\quad\text{Energy}=\frac{\sum_{i}^{n}\frac{1}{2}m_i(u_i^2+v_i^2+w_i^2)}{n} \tag{3.21}$$

表3.2　运行时间、粒子数量及平均能量比较

属性	FLIP方法	NBFLIP方法
总时间/s	249.5	159
平均时间/s	0.998	0.638
总粒子数量	185 784 813	25 715 512
总能量	5.9452e+07	1.4567e+07
平均能量	0.32	0.57

NBFLIP方法与FLIP方法粒子绘制效果对比：与FLIP方法相比，NBFLIP方法主要区别在于将粒子限制在边界附近，可以达到减少采样粒子数量的目的，因此可以提升计算效率。从图 3.20和图 3.21可以看出：在FLIP方法中，求解区域完全被粒子覆盖，也就是说粒子充满了整个求解区域；而在NBFLIP方法中，粒子只分布在自由液面边界及障碍边界附近，体现了在不降低细节情况下减少粒子数量的思想。

图3.20　NBFLIP方法中的粒子渲染结果

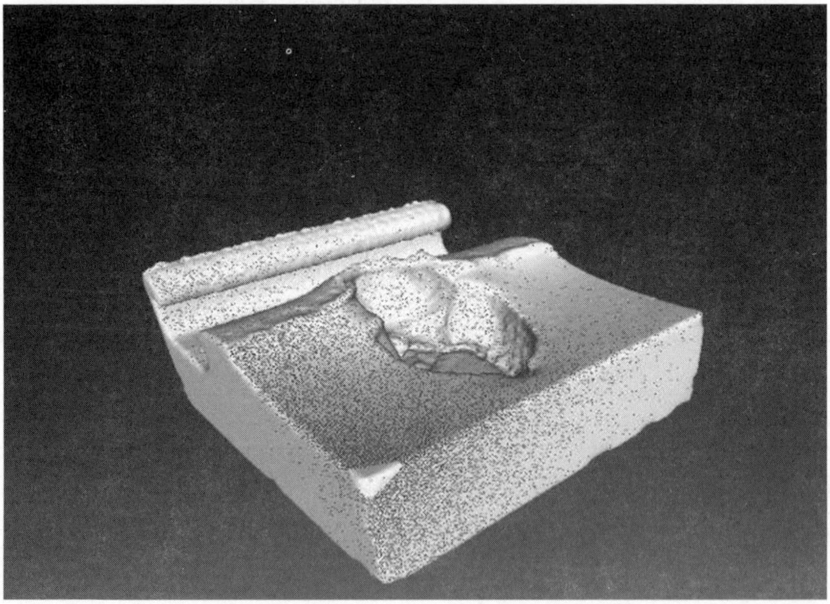

图3.21　FLIP方法中的粒子绘制结果

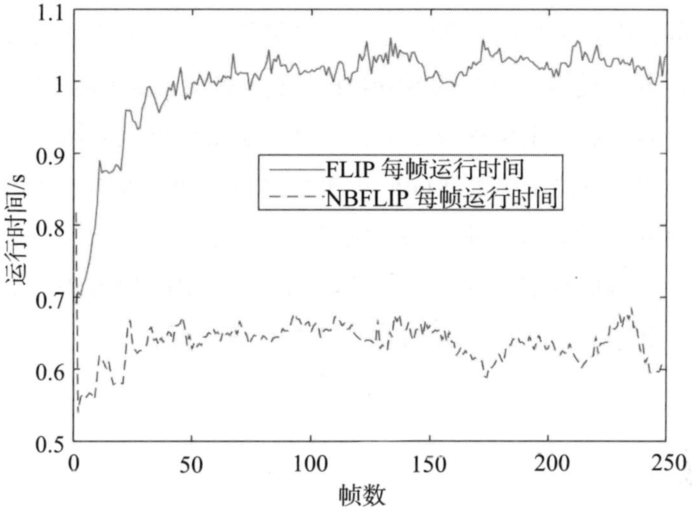

图3.22　FLIP方法与NBFLIP方法运行时间比较

由图3.22可见，在NBFLIP的启动阶段（5帧以内），每帧运行时间高于FLIP，而后每帧运行时间明显低于FLIP。分析认为其原因是起始阶段需要整个对场景进行初始化，而后在构建窄带区域进行重采样之后，运行时间逐渐达到稳定，因而运行效率高于FLIP方法。而在FLIP方法中，由于需要在网格中添加粒子，因此在开始阶段每帧运行呈总体上升趋势，而后运行稳定之后粒子数量总体保持稳定。

如图3.22所示及表3.2所列，在NBFLIP方法中，250帧总运行时间为159 s，平均每帧运行时间为0.638 s；FLIP方法总运行时间为249.5 s，平均运行时间为0.998 s；与FLIP方法相比，平均每帧运行时间减少36.1%。

3.5　小结

FLIP方法与NBFLIP方法主要区别在于NBFLIP方法将粒子限制在边界附近，从而降低粒子数量以提升计算效率。传统的NBFLIP方法结合了基于欧拉方法和基于拉格朗日方法的优点，但是还不适用于流体和移动障碍交互模拟。由于海上溢油模拟中需要模拟移动围油栏与海上溢油之间的交互，因此需要研究移动障碍与流体之间的交互问题。

我们提出了基于NBFLIP方法的流体模拟及移动障碍交互方法，考虑复杂障碍移动速度，推导了移动障碍满足的边界条件，实现了移动复杂障碍与流体交互模拟。该方法克服了以往的NBFLIP方法不能处理移动障碍这一问题。其中复杂障碍边界离散采用SDF方法进行，该方法不仅可以方便地对复杂障碍进行离散表示，同时也便于移植到GPU中进行并行化加速处理。通过实验对比发现，与传统FLIP方法相比，本方法每帧平均粒子数量减少86%，平均每帧运行时间减少36.1%，同时能量耗散更小，体现了基于NBFLIP方法在复杂流体模拟中的优越性，也进一步拓展了NBFLIP方法的应用范围。

第4章 基于多相流理论的海上溢油过程模拟及交互

4.1 引言

现实生活中许多流体现象是非常丰富而且复杂的，如油滴在水中运动、墨水滴入水中、牛奶加入咖啡中等，这些复杂的现象无法用以往的单相流模拟方法进行模拟。如何体现多种流体之间相互作用往往需要分别对每相流体进行单独追踪。

目前，多相流模拟方法主要有基水平集[118]方法和基于体积分数[120]（Volume of Fluid，VOF）的方法。基于水平集方法的多相流模拟需要分别对各组水平集变量进行求解，界面附近容易出现矛盾，且界面附近处理是基于几何的方法，缺乏物理依据，容易导致求解收敛困难[119]。而基于VOF方法的多相流模拟则不存在这样的问题，它通过对网格中体积分数进行追踪，可以根据体积分数对界面进行重构，进而恢复出流体界面。该方法可以模拟不同黏性、不同扩散系数的多相流模拟，在多流体模拟中得到了广泛的应用[120]。

提出了NBFLIP-VOF多相流模拟方法，解决了采用NBFLIP进行多相流模拟的问题。在NBFLIP[105]流体模拟框架下进行多相流模拟，多相流模拟采用VOF模型进行。该方法可以充分发掘NBFLIP方法在界面追踪方面的高效性及VOF多相流方法的灵活性，进一步扩展了NBFLIP方法在多相流模拟中的应用。

4.2 多相流模拟方法

多相流模拟与单相流模拟相比最大的挑战在于，多相流模拟中其密度和扩散系数是随着时间变化的。因此需要在计算过程中追踪每一相的体积分数演化，进而计算每一相流体的密度和扩散系数；但是在体积分数的演化过程中，由于数值格式的耗散会导致界面模糊，这也是多相流模拟中与单相流模拟相比需要额外处理的问题。多相流中流场控制方程与NS方程类似：

$$\frac{\partial \boldsymbol{V}}{\partial t}+(\boldsymbol{V}\cdot\nabla)\boldsymbol{V}-\nabla\left(\frac{p}{\rho}\right)+\mu\nabla^2\boldsymbol{V}=f \tag{4.1}$$

$$\nabla\cdot\boldsymbol{V}=0 \tag{4.2}$$

其中，p为压强，$\boldsymbol{V}$为速度矢量，ρ为密度，μ为黏性系数，f为外力项。该方程与NS方程相同，不同之处在于单相流中的密度和黏性系数为常数，而在多相流中密度和黏性随时间和空间而变化，其中：

$$\rho=\sum_{i=1}^{n}C_i\rho_i \tag{4.3}$$

$$\mu=\sum_{i=1}^{n}C_i\mu_i \tag{4.4}$$

其中，$\sum_{i=1}^{n}C_i=1$，C_i为第i相的体积分数，所有相体积分数之和为1；i为第i相；n为多相流中相的总数量。

$$\frac{\partial C}{\partial t}+\nabla\cdot(C\boldsymbol{V})=D\nabla^2\mathrm{C} \tag{4.5}$$

该式为多相流体积分数控制方程。式中：$\boldsymbol{V}$为速度矢量；D为可扩散流体中体积分数的扩散系数，可以调节该系数控制扩散相的扩散速度。

前面综述也曾提到多相流模拟常用的模型有单流体模型和多（双）流体模型两种。多（双）流体模型中由于每相分别采用一组控制方程进行求解，也就是说假设模型中有n相就需要求解n个NS方程组。同时NS方程组之间需要满足相应的封闭条件关系，计算量非常大，在计算机图形学领域较少采用。另外，混合模型与VOF模型相比主要是额外考虑了相间的滑移阻力（Drag Force），而滑移阻力在视觉效果上差异并不明显，而且这也会增加额外的计算量，因此本书采用VOF模型进行多相流模拟。

4.3 基于NBFLIP-VOF方法的多相流模拟

4.3.1 NBFLIP-VOF方法控制方程

在进行多相流模拟时，首先通过NBFLIP方法求解NS方程组，得到求解区域流场，而后在已有流场基础上求解VOF方程，通过求解对流扩散方程进行体积分数的追踪。同时为了模拟不同黏性系数流体之间融合效果可以在VOF方程中增加黏性项来实现体积分数的扩散效果。

$$\begin{cases} \dfrac{\partial \boldsymbol{V}}{\partial t}+(\boldsymbol{V}\cdot\nabla)\boldsymbol{V}-\nabla\left(\dfrac{p}{\rho}\right)+\mu\nabla^2\boldsymbol{V}=f \\ \nabla\cdot\boldsymbol{V}=0 \\ \rho=\sum\limits_{i=1}^{n}C_i\rho_i \\ \mu=\sum\limits_{i=1}^{n}C_i\mu_i \\ \dfrac{\partial C}{\partial t}+\nabla\cdot(C\boldsymbol{V})=D\nabla^2\mathrm{C} \end{cases} \tag{4.6}$$

该式为NBFLIP-VOF方法中多相流控制方程。其中：p为压强；V为速度矢量；ρ为密度；μ为黏性系数；f为外力项；$\sum\limits_{i=1}^{n}C_i=1$，$C_i$为第$i$相的体积分数，所有相体积分数之和为1，$i$为第$i$相，$n$为多相流中相的总数量；$D$为可扩散流体中体积分数的扩散系数，可以调节该系数控制扩散相的扩散速度。该控制方程由5个方程式构成，其中第一、二式为流场控制方程，第三、四式为密度和黏性满足的约束条件，第五式为体积分数控制方程。

4.3.2 基于积分平均方法的TVD格式

在VOF模型中，为了在多相流模拟中进行各组分追踪，需要对各相分别进行表示。由于数值格式的耗散会导致多相流交界面模糊，因此需要对界面进行修正。积分平均型总变差不增[149]（Total Variation Diminishing，TVD）格式是把求解函数构造成分片线性函数，用特征线方法推进时间步，利用Superbee限制器[150]对通量斜率加以限制，以使格式保持单调，具有TVD性质，其中通量的斜率如式（4.7）所示。这里采用通量限制器的目的在于降低数值格式的震荡特性。同时TVD性质保证了数值格式的收敛性，也就是确保数值格式的总变差是减小的。速度矢量$\boldsymbol{V}$有满足式，控制体单元为$[x_{i-1/2},x_{i+1/2}]\times[t_n,t_{n+1}]$，对式进行积分

$$\int_{x_{i-1/2}}^{x_{i+1/2}}\int_{t_n}^{t_{n+1}}\left(\frac{\partial C}{\partial t}+\nabla\cdot(C\boldsymbol{V})\right)\mathrm{d}x\ \mathrm{d}t=0 \tag{4.7}$$

为简化推导过程，此处假设D=0，也就是考虑不可扩散多相流的情形。
定义积分平均：

$$\bar{C}_i^n=\frac{1}{\delta x}\int_{x_{i-1/2}}^{x_{i+1/2}}C^n\,\mathrm{d}x=0,\delta x=x_{i+1/2}-x_{i-1/2} \tag{4.8}$$

$$<\boldsymbol{V}\bar{C}_{i+1/2}^n>=\frac{1}{\delta t}\int_{t_n}^{t_{n+1}}\boldsymbol{V}C_{i+1/2}(t)\,\mathrm{d}t=0,\delta t=t_{n+1}-t_n \tag{4.9}$$

则时空控制体上的积分平均可以表示为

$$\bar{C}_i^{n+1}=\bar{C}_i^n-r(<\boldsymbol{V}\bar{C}_{i+1/2}^n>-<\boldsymbol{V}\bar{C}_{i-1/2}^n>),r=\frac{\delta t}{\delta x} \tag{4.10}$$

（1）时间积分平均离散

时间积分的平均离散是问题的关键，利用特征线方法，可以得到

$$\begin{aligned}<\bar{C}_{i+1/2}^n>&=\frac{1}{\delta t}\int_{t_n}^{t_{n+1}}C(x_{i+1/2},t)\,\mathrm{d}t\\&=\frac{1}{\delta t}\int_{t_n}^{t_{n+1}}C(x_i+\frac{1}{2}\delta x-\boldsymbol{V}(t-t_n),t_n)\mathrm{d}t\end{aligned} \tag{4.11}$$

对上述积分采用梯形公式，并且采用被积函数的一阶Taylor展开，有

$$\begin{aligned}<\bar{C}_{i+1/2}^n>&=\frac{1}{\delta t}\{[\bar{C}_i^n+(\frac{1}{2}\delta x-\boldsymbol{V}\delta t)\frac{\partial\bar{C}_i^n}{\partial t}]+[\bar{C}_i^n+(\frac{1}{2}\delta x-0)\frac{\partial\bar{C}_i^n}{\partial t}]\}/2\delta t\\&=\bar{C}_i^n+\frac{1}{2}(\delta x-\boldsymbol{V}\delta t)\frac{\partial\bar{C}_i^n}{\partial t}\\&=\bar{C}_i^n+\frac{1}{2}(1-c)\frac{\partial\bar{C}_i^n}{\partial t}\\&=\bar{C}_i^n+\frac{1}{2}(1-c)\delta xS_i^n\end{aligned} \tag{4.12}$$

其中，c为Courant数，S_i^n为空间控制元上的斜率，满足

$$c = \frac{V\delta t}{\delta x} \tag{4.13}$$

$$S_i^n = \frac{\partial \bar{C}_i^n}{\partial x} \tag{4.14}$$

类似的，有

$$< \bar{C}_{i-1/2}^n >= \bar{C}_{i-1}^n + \frac{1}{2}(1-c)\delta x S_{i-1}^n \tag{4.15}$$

（2）合成积分平均格式

$$\bar{C}_i^{n+1} = \bar{C}_i^n - c(\bar{C}_i^n - \bar{C}_{i-1}^n) + 0.5c\delta x(c-1)(S_i^n - S_{i-1}^n), V > 0 \tag{4.16}$$

等价于

$$\begin{aligned}\bar{C}_i^{n+1} = S\bar{C}_i^n - r\max(0,V)(\bar{C}_i^n - \bar{C}_{i-1}^n) + 0.5r\delta x\max(0,V)(c-1)(S_i^n - S_{i-1}^n) \\ - r\min(0,V)(\bar{C}_{i+1}^n - \bar{C}_i^n) + 0.5r\delta x\min(0,V)(c+1)(S_{i+1}^n - S_i^n)\end{aligned} \tag{4.17}$$

如果取斜率S_i^n为

$$S_i^{LW,n} = (\bar{C}_i^{n+1} - \bar{C}_i^n)/\delta x \tag{4.18}$$

就得到了Lax-Wendroff格式。但是该格式不是保单调的，在间断处会产生震荡，因此对斜率加以限制，取

$$S_i^n = \phi(\theta_i^n) S_i^{LW,n} \tag{4.19}$$

其中，

$$\phi(\theta_i^n) = \max(0, \min(1.0, 2\theta_i^n), \min(2.0, \theta_i^n)) \tag{4.20}$$

该式为Superbee限制器[150]。这样得到的格式是具有TVD性质的。对于二维和三维情形，可以采用分数步法进行计算。前半个时间步计算$\frac{1}{2}\frac{\partial C}{\partial t} + u\frac{\partial C}{\partial t} = 0$，得到中间值$C^{n+1/2}$，再以此为初值在后半个时间步内计算$\frac{1}{2}\frac{\partial C}{\partial t} + v\frac{\partial C}{\partial t} = 0$，得到$n$+1时刻的值$C^{n+1}$。

4.3.3 NBFLIP-VOF方法求解过程

NBFLIP-VOF方法求解流程如图4.1所示，求解过程主要分为流场求解、体积分数控制方程求解以及密度、黏度系数更新。

（1） 流场求解：该过程求解方法与第3章方法类似，首先采用NBFLIP方法进行流场的求解。但是与第3章方法相比，其区别在于多相流模拟中密度及黏度系数是一个随时间变化的量。而在单相流模拟中中，密度和黏度系数为常量。因此在进行流场控制方程求解时，需要确保进行密度和黏度系数的更新。

（2） 体积分数控制方程求解：体积分数控制方程可用于对体积分数进行追踪。体积分数控制方程的求解在4.3.2小节中进行了详细介绍。采用具有积分平均TVD格式进行体积分数控制方程的求解，通量限制器采用Superbee限制器[150]。通过该控制方程可以对体积分数进行对流和扩散追踪。

（3） 密度及黏度系数更新：在得到更新的体积分数之后，根据式中的第二、三式更新密度和黏度系数。另外，体积分数需要满足$\sum_{i=1}^{n} C_i = 1$条件。

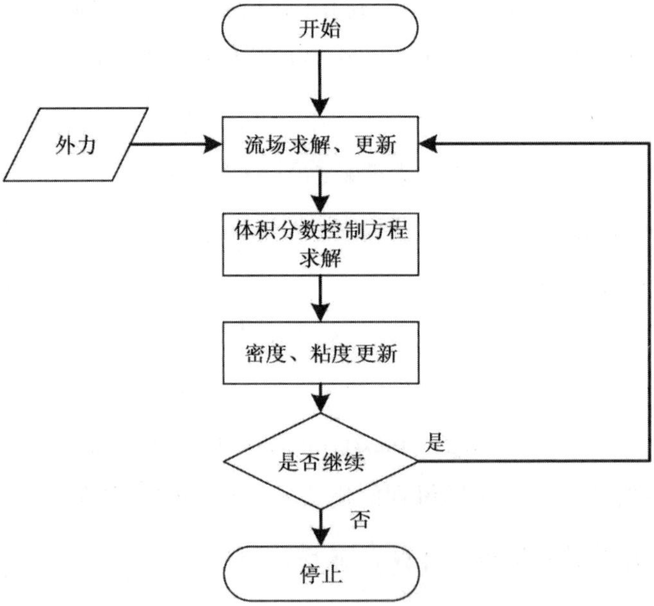

图4.1 NBFLIP-VOF方法求解流程图

4.3.4 基于积分平均方法的TVD格式多相流模拟验证

为了解决体积分数在流场中的对流扩散问题，需要对VOF方程进行离散求解。4.3.2小节中所讲的积分平均方法就是其中的方法之一。由于该方法具有TVD性质，结合Superbee限制器，使得该方法具有更高的精度和更好的稳定

性。为了验证基于积分平均方法的TVD格式有效性，采用剪切流场进行界面重构格式验证，流场设置为

$$\begin{cases} u(x,y)=\pi\cos(\pi(x-x_0))\sin(\pi(y-y_0)) \\ v(x,y)=-\pi\sin(\pi(x-x_0))\cos(\pi(y-y_0)) \end{cases} \tag{4.21}$$

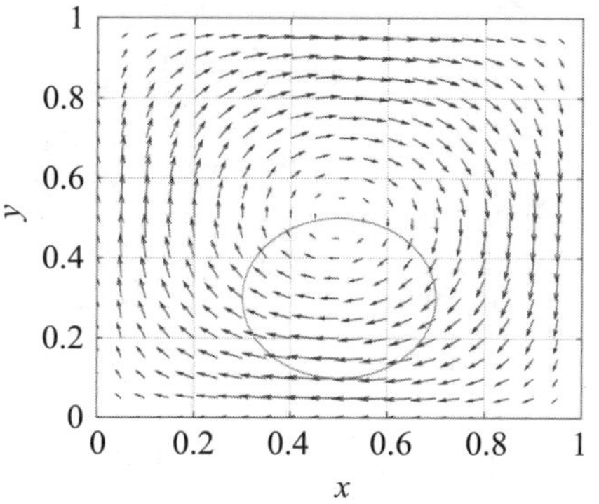

图4.2　流场及初始体积分数设置

流场矢量结果如图4.2所示，这是一个顺时针方向的剪切流场，也是用于测试体积分数对流常用的一种流场设置。中间圆圈内为初始体积分数分布设置，该体积分数中心坐标为（0.3，0.5），圆圈半径为0.1。图4.3至图4.6中（a）（b）分别为1 s、2 s后不同数值格式下体积分数的分布情况。

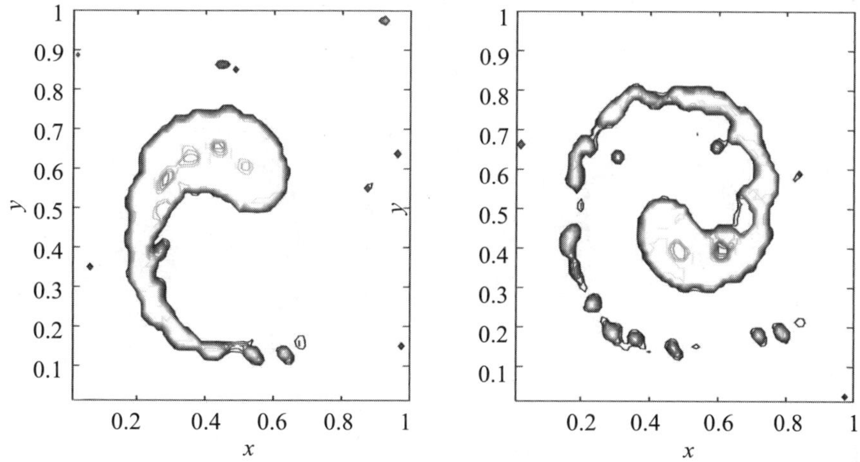

（a）1 s　　　　（b）2 s

图4.3　FCT[153]格式计算结果

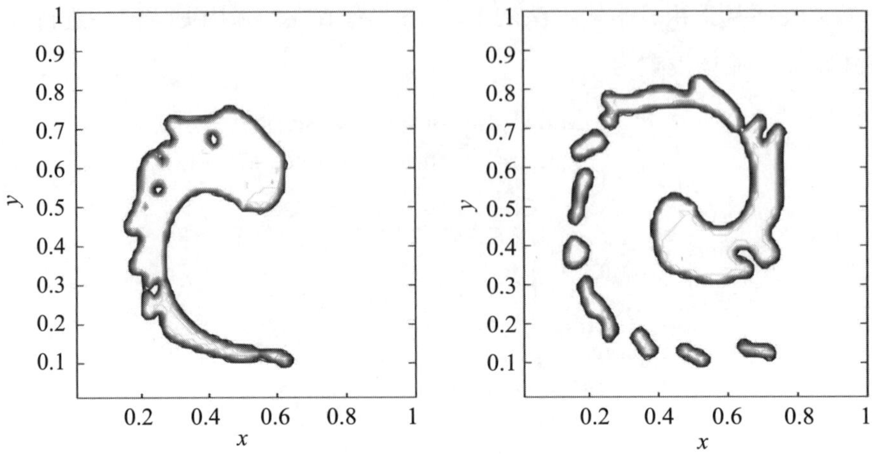

(a)1s (b)2s

图4.4 Young[154]格式计算结果

从图 4.3 和图 4.4 中可以看出，FCT（Flux Corrected Transport）格式和Young格式虽然重构得到界面，也反映出体积分数的运动趋势。但是重构后界面出现了破碎现象，在2 s时尤为明显。同时可以看出，对比而言，Young 格式得到的结果更加清晰，虽然也存在破碎效果。但从结果对比可以看出，Young格式结果要优于FCT格式得到的结果。

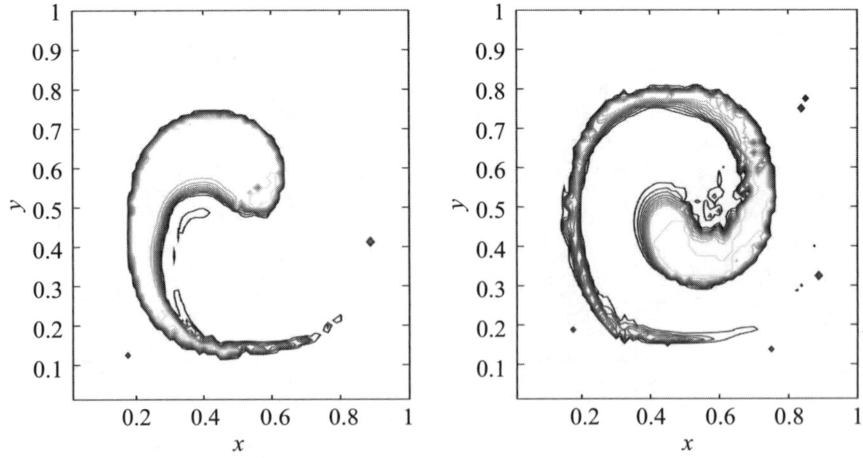

(a)1s (b)2s

图4.5 FLAIR[155]格式计算结果

从图 4.5 和图 4.6 结果可以看出，FLAIR（Flux Line-segment Model for Advection and Interface Calculation）格式和基于积分平均方法的TVD格式得到的结果连续性更好，没有出现像FCT格式及Young格式中的破碎现象，在2 s时对比更加明显。对比FLAIR格式和积分平均TVD格式可以发现，积分平均TVD格式得到的界面更加平滑，而FLAIR格式在界面附近仍然出现少量破碎。从图4.6结果可以看出，与以往方法相比，基于积分平均的TVD方法重构得到的界面最为清晰、平滑，效果最为理想。同时该结果与汪迎春等和刘儒勋等[151][152]的研究结果相吻合。

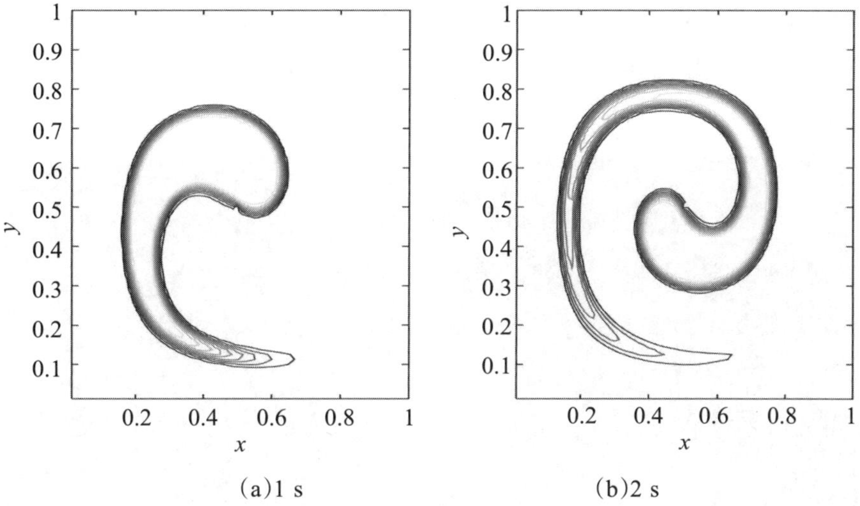

图4.6　基于积分平均方法的TVD格式计算结果

4.3.5　NBFLIP-VOF方法模拟结果

为验证NBFLIP-VOF方法的可靠性，采用多个基准问题进行验证。图 4.7为球形液滴下落实验初始设置，图 4.8 为多相流模拟中体积分数绘制结果，图 4.11 和图 4.12 为流体与障碍交互时绘制结果，图 4.13 和图 4.14 分别为NBFLIP-VOF方法和FLIP-VOF方法的粒子绘制结果。

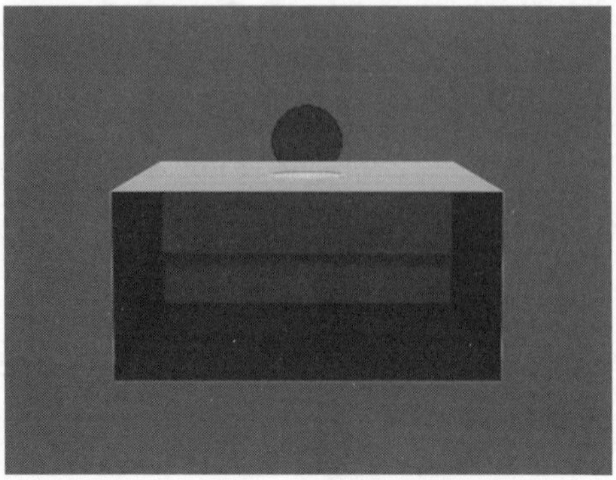

图 4.7 液滴下落初始设置

实验条件设置：底部液体高度为0.5，球形液滴初始位置为（0.5，0.5，0.6），液滴半径为0.1；黏性系数为0.02 Pa·s，底部流体密度为1000 kg/m³，液滴密度为1500 kg/m³。

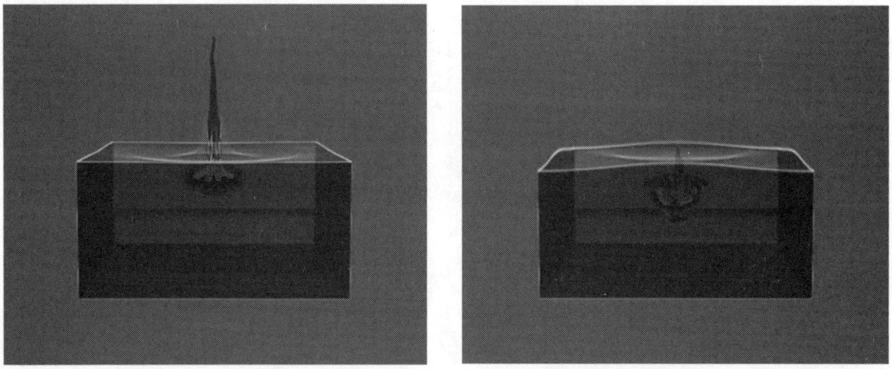

(a) 0.2 s (b)0.4 s

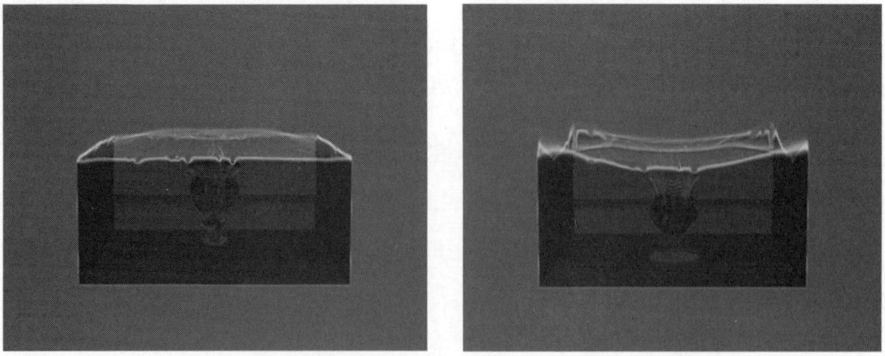

(c)0.6 s (d)0.8 s

图 4.8 不可扩散液体体积分数渲染结果

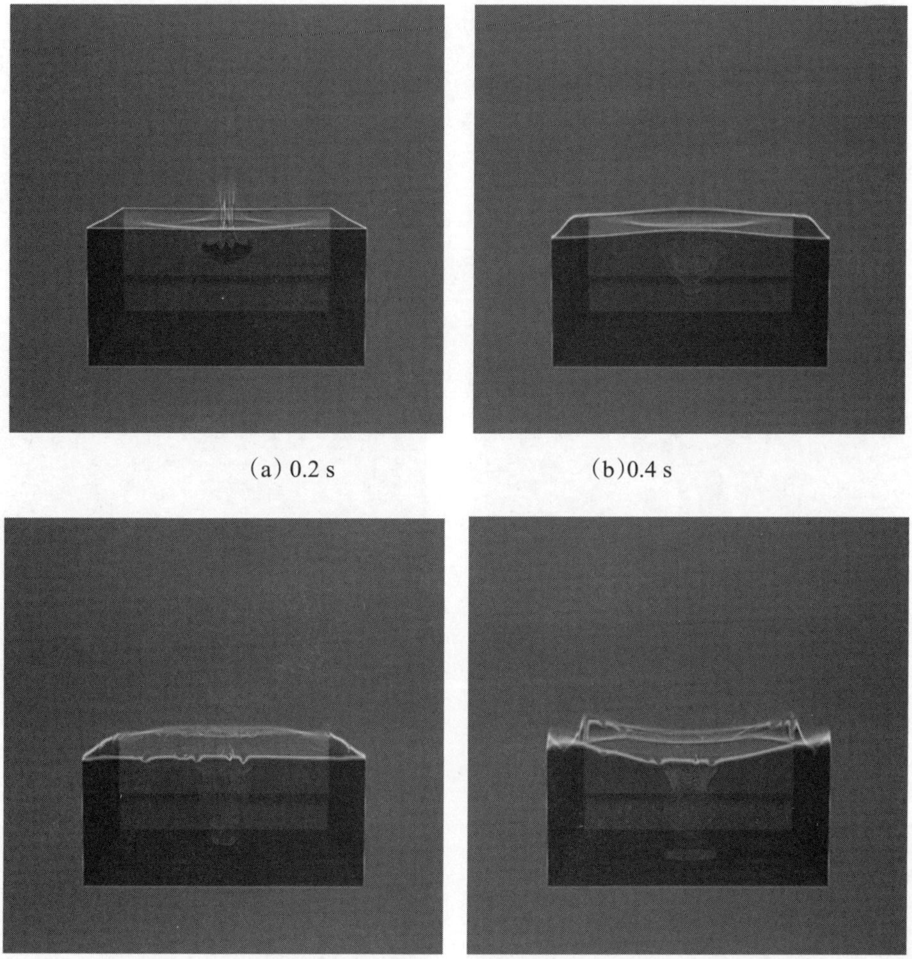

(a) 0.2 s　(b)0.4 s

(c)0.6 s　(d)0.8 s

图4.9　可扩散液体体积分数渲染结果

图 4.8 和图 4.9 为模拟可扩散及不可扩散液滴下落并与底部液体交互过程，其中图 4.8 为模拟不可扩散液滴下落过程中液滴体积分数演化结果，图 4.9 为可扩散液滴下落扩散结果。当液滴与下部液面接触后，底部自由液面受到冲击，中间部分向下凹陷。而后液滴进入流体内部，并在底部流体内部形成一个空腔。接着在惯性和重力作用下空腔被液体填满，并形成飞溅液滴。这种现象在日常生活中也是比较常见的，例如水滴下落到水面溅起水花。

从两图的对比可以看出，可扩散液滴随着时间推进，其界面逐渐变得模糊，与周围液体的界限越来越不明显。而不可扩散液体的界面依然非常清晰，证明基于Superbee限制器的积分平均TVD格式成功地对界面进行了重构，并且准确地进行了追踪。

实验条件设置：四个角上的液体长、宽、高分别为0.4、0.4、0.3；黏性系数为0.02 Pa·s，密度均为1000 kg/m^3；网格分辨率为128^3。

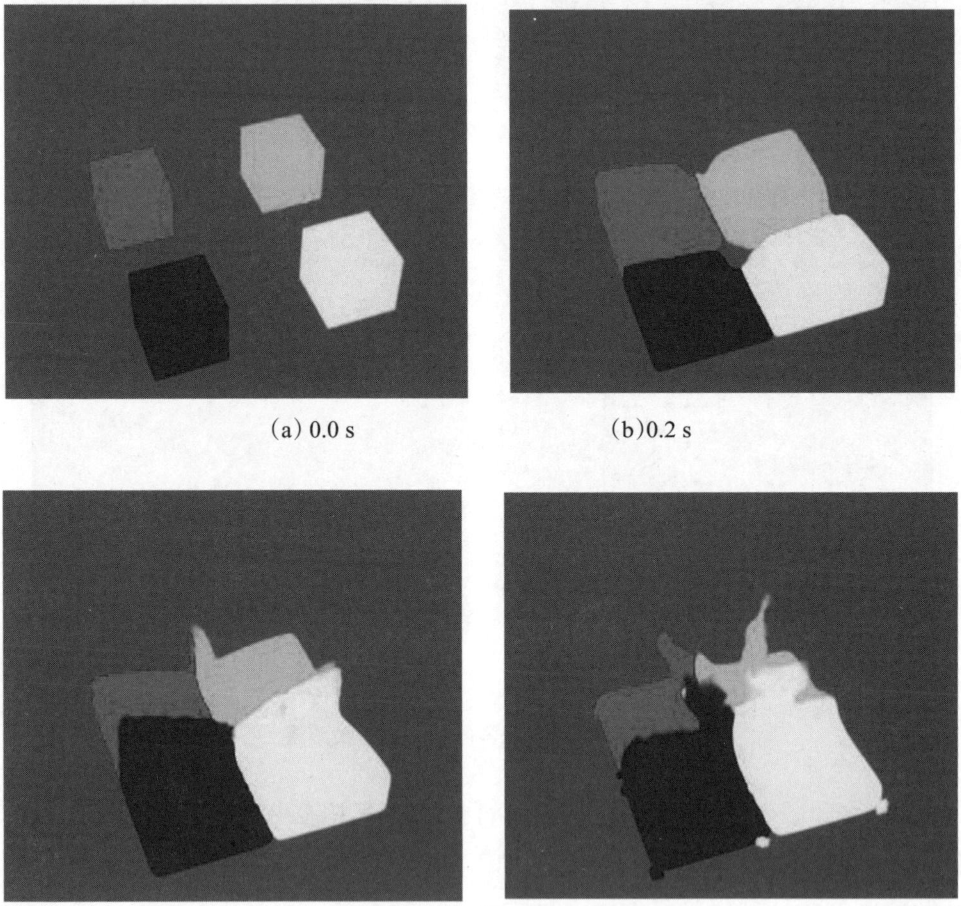

(a) 0.0 s　(b)0.2 s

(c)0.4 s　(d)0.6 s

图4.10　多相流体积分数绘制结果

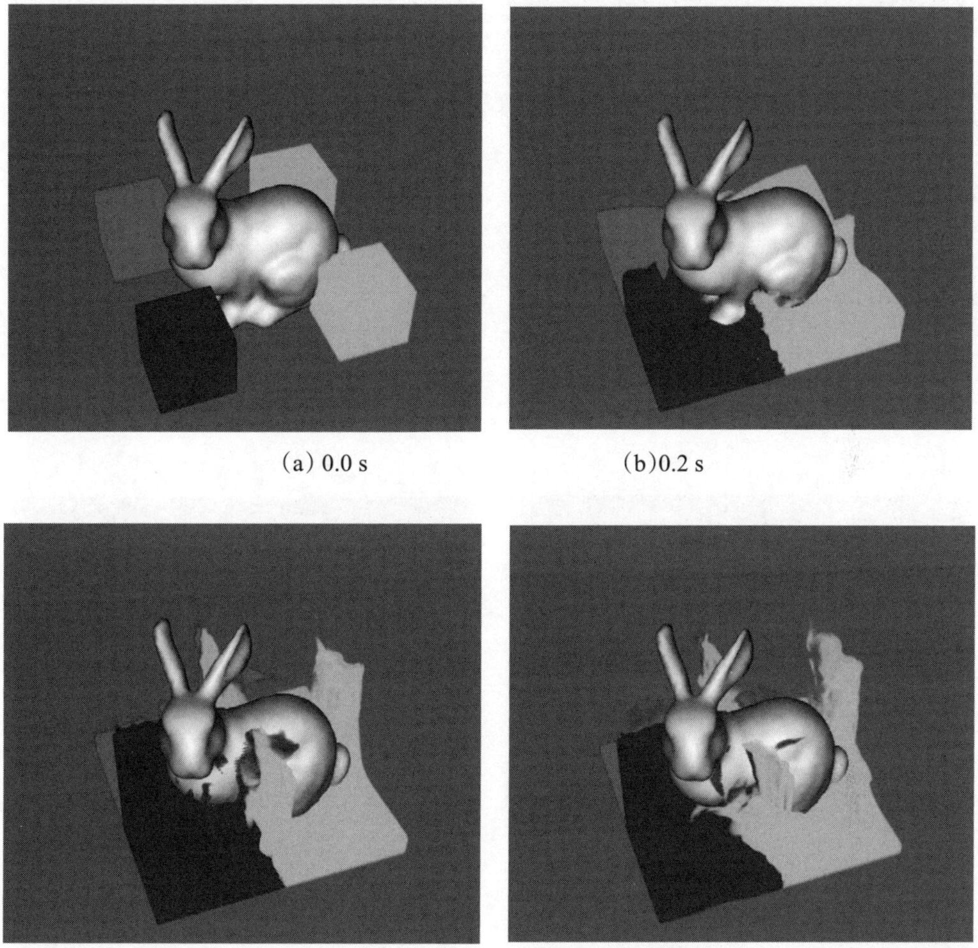

(a) 0.0 s　(b)0.2 s

(c)0.4 s　(d)0.6 s

图4.11　多相流障碍交互绘制结果(侧方视图)

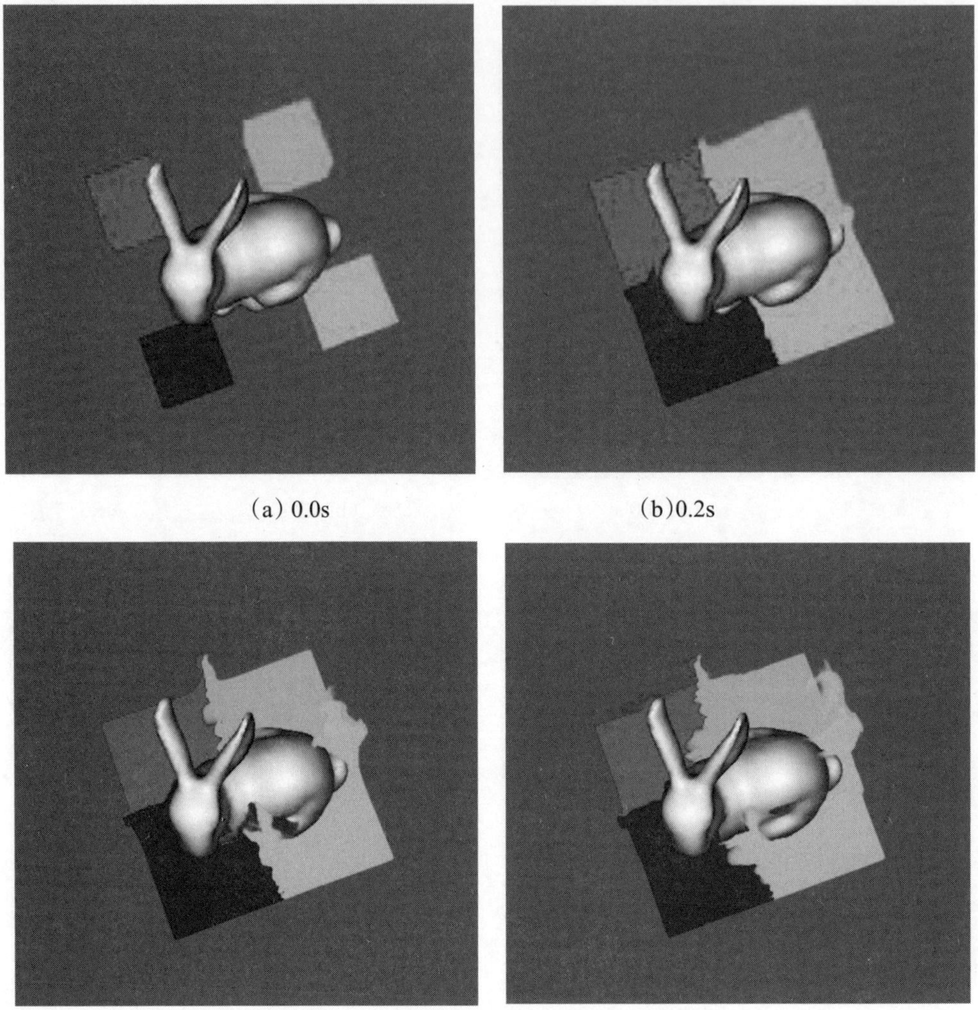

(a) 0.0s　(b)0.2s

(c)0.4s　(d)0.6s

图4.12　多相流障碍交互绘制结果(俯视图)

图 4.10为4种流体交互体积分数绘制结果。图 4.11 和图 4.12为流体与障碍交互结果。其中图 4.10为Quad-dambreak（四溃坝）模拟效果，是模拟重力作用下4个矩形水柱在容器中自由运动的过程，与dambreak（溃坝）模拟类似；从图中可以看出，当4种流体发生接触时，不同流体之间的相互作用导致液体之间发生了碰撞并相互排斥；而后在接触位置附近液体产生飞溅效果，这与溃坝中液体与岸壁碰撞后飞溅效果类似；同时各相体积分数清晰地记录了每相流

体的运动过程，说明该方法成功地捕捉了该多相流界面的运动规律。图 4.11 和图 4.12 为上述 Quad-dambreak 算例的推广，其中增加了多相流与复杂障碍交互模拟效果，从图 4.11（b）、（c）可以看出，流体与边界障碍发生接触后，障碍对流体产生了排斥作用，随后在接触面附近同样产生了飞溅效果。

图 4.13　NBFLIP-VOF 方法中的粒子及网格

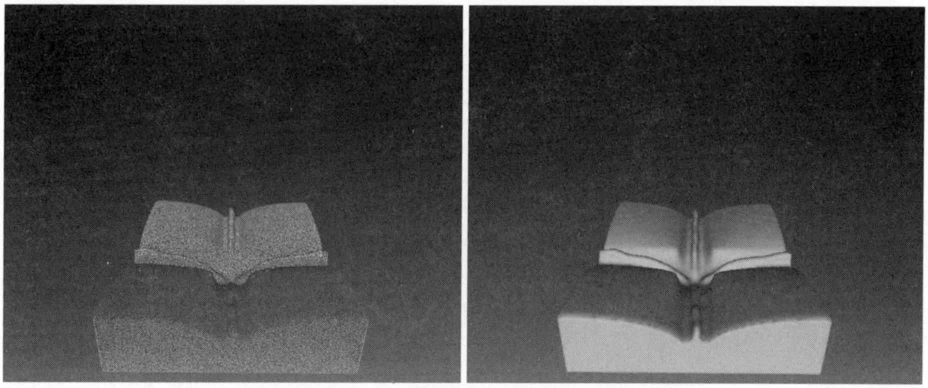

图 4.14　FLIP-VOF 方法中的粒子及网格

图 4.13 和图 4.14 为 NBFLIP-VOF 方法和 FLIP-VOF 方法中的粒子分布及对应网格绘制结果。从图 4.13 中可以看出，NBFLIP-VOF 方法中粒子主要集中在界面附近，同时粒子数量明显少于 FLIP-VOF 中的粒子数量。而在图 4.14 中，FLIP-VOF 方法中的粒子充满了整个计算区域，但是其中大量的粒子对表面的重建并没有贡献，这会导致计算资源的大量浪费。

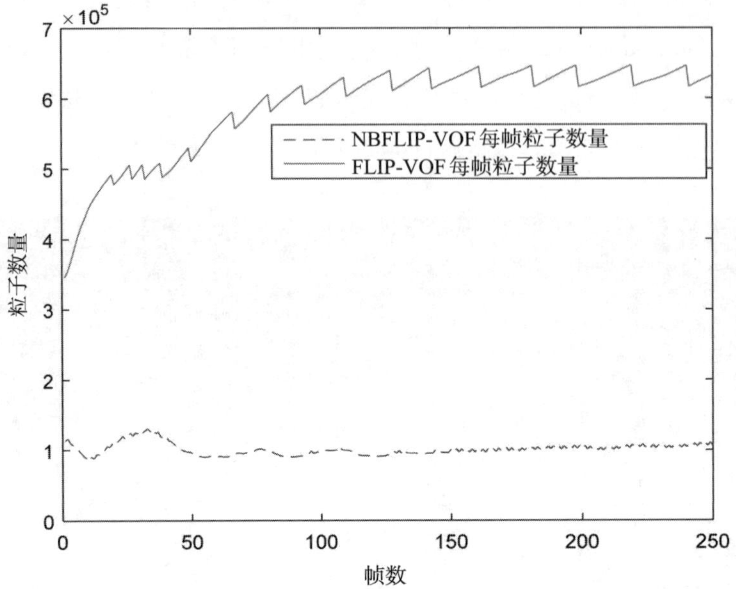

图4.15 NBFLIP-VOF 粒子数量

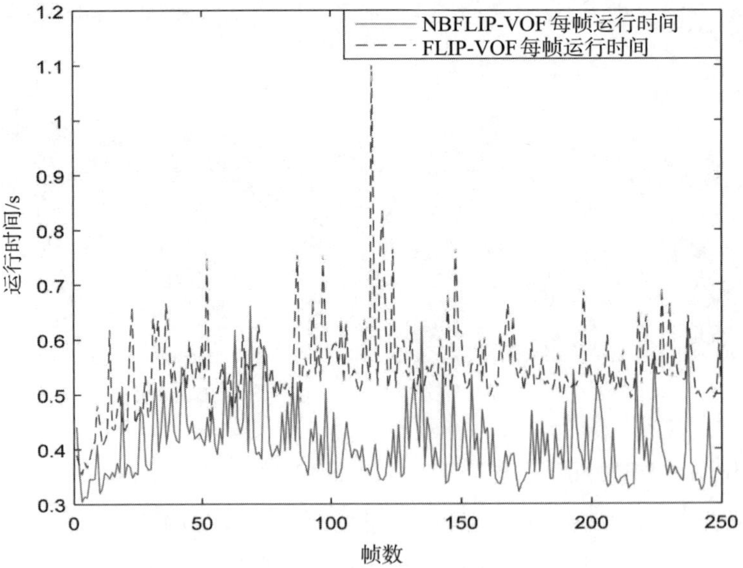

图4.16 NBFLIP-VOF 和 FLIP-VOF 方法运行时间比较

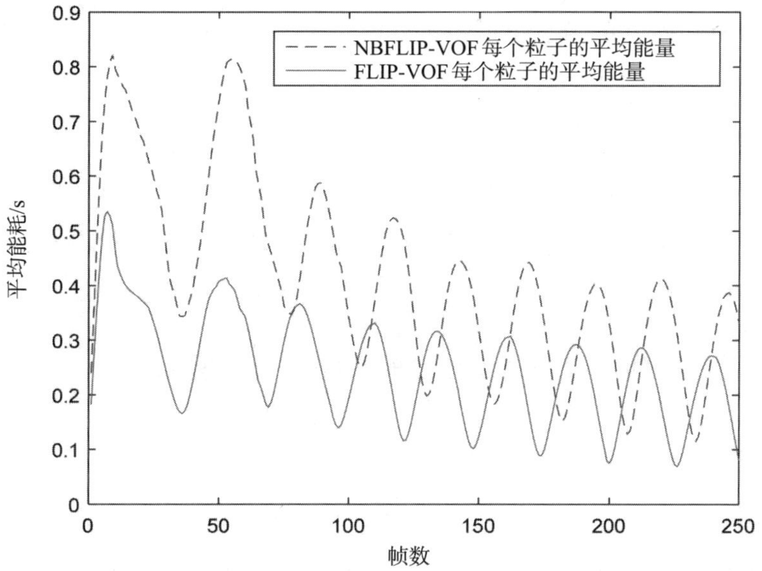

图4.17　NBFLIP-VOF方法和FLIP-VOF方法能量耗散比较

与单相流NBFLIP方法结果相似，在启动阶段（5帧以内）NBFLIP-VOF方法每帧运行时间高于FLIP-VOF方法，而后每帧运行时间明显低于FLIP-VOF方法。分析认为是因为起始阶段需要对整个场景进行初始化，在构建窄带区域进行重采样之后，运行时间逐渐达到稳定，而运行效率依然高于FLIP-VOF方法。

表4.1　运行时间、粒子数量及平均能量比较

属性	FLIP-VOF方法	NBFLIP-VOF方法
总时间/s	136.204	101.6139
平均时间/s	0.5448	0.4065
总粒子数量	146 813 984	25 293 909
总能量	3.5779e+07	1.0395e+07
平均能量	0.2437	0.411

NBFLIP-VOF方法与FLIP-VOF方法粒子数量、运行时间统计结果分析比较：如图4.15、图4.16及表4.1所示，NBFLIP-VOF方法中粒子总数量为25 293 909，250帧运行总时间为101.6139 s，平均每帧运行时间为0.4065 s；FLIP-VOF方法中粒子总数量为146 813 984，250帧运行总时间为136.2040 s，

平均每帧运行时间为0.5448 s。FLIP-VOF方法的粒子数量是NBFLIP-VOF方法的5.8倍，NBFLIP-VOF方法的每帧平均运行时间比FLIP-VOF方法减少25.40%。系统运行时间如图4.16所示。

能量比较：如图4.17所示，NBFLIP-VOF中250帧所有粒子总能量为1.0395e+07，粒子平均能量为0.4110，FLIP-VOF方法中粒子总能量和平均能量分别为3.5779e+07和0.2437。从这也可以看出，NBFLIP-VOF中粒子平均能量高于FLIP-VOF方法。

4.4 基于多相流理论的海上溢油过程及交互模拟

4.4.1 基于积分平均格式的多相流R-T Instability运动模拟及验证

Rayleigh-Taylor Instability（R-T）问题是多相流模拟的一个基准测试问题。R-T不稳定性发生在非稳定的密度分层的状况下，譬如较重的液体位于较轻的液体上，重力的作用加速了一层液体侵入另一层液体的进程，产生了湍流及随之发生的界面上的湍流混合过程。

实验条件设置：计算区域为$[0,1]\times[0,4]$，采用的网格密度为128×512；见表4.2所列：上部流体$\mu=0.00313\,\mathrm{Pa\cdot s}$，$\rho=1225\,\mathrm{kg/m^3}$；下部分流体$\mu=0.00313\,\mathrm{Pa\cdot s}$，$\rho=169.4\,\mathrm{kg/m^3}$；分界面函数$h(x)=2+0.05\cos 2(\pi x)$。

表4.2 R-T不稳定实验设置

液体位置	密度/$\mathrm{kg\cdot m^{-3}}$	黏度/$\mathrm{Pa\cdot s}$
上部流体	1225	0.00313
下部流体	169.4	0.00313

R-T问题是研究在重力作用下两相流界面运动规律的基准问题。如图4.18所示，左上为初始状态，界面高度为对称余弦函数。在重力作用下，上部高密度区域流体中心部分先向下流动，边缘部分出现相反方向的涡。在0.7 s时，在重力作用下，上部较重的液体向下穿透，并开始形成反向的涡。在0.8 s及0.9 s时，涡的尾端效果更加明显，这与卡兰等[143]结果一致。

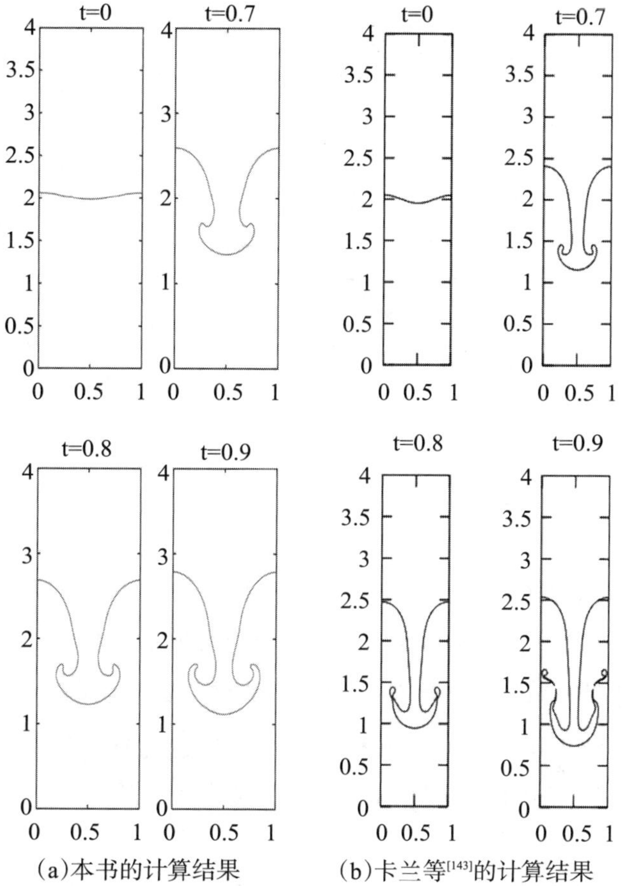

图4.18 本书的计算结果与卡兰等[143]的计算结果对比

4.4.2 基于积分平均格式的围油栏围油模拟及验证

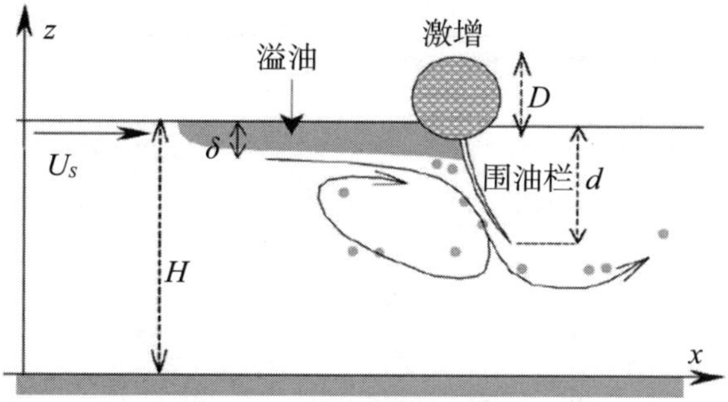

图4.19 围油栏围油初始设置

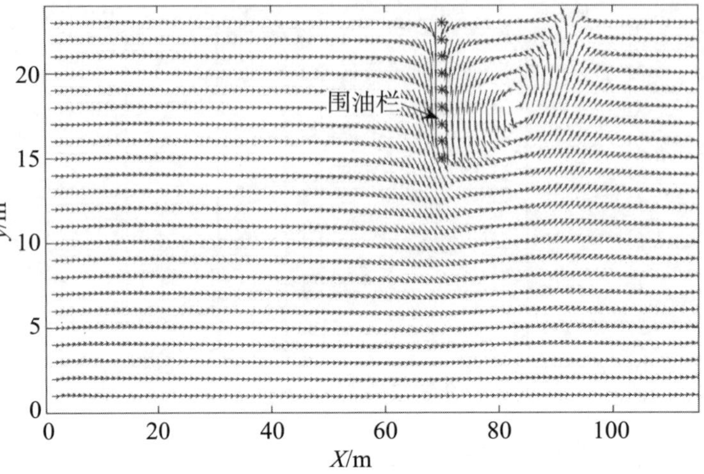

图4.20 围油栏布放时流场计算结果

图 4.19 为围油栏初始设置，图 4.20 为存在围油栏工况下的流场计算结果。从图中可以看出：在围油栏后面出现一个逆时针的涡，这与维奥劳等[47]及张德良等[144]得到的结果一致。而在围油栏前面，此种工况与前台阶问题接近，由于流体的不可压缩性也出现了向下流场，与实验结果一致。与维奥劳等[47]一样，分别对来流速度为0.3 m/s 和0.7 m/s的两种工况进行了模拟实验，如图4.21和图4.22所示。

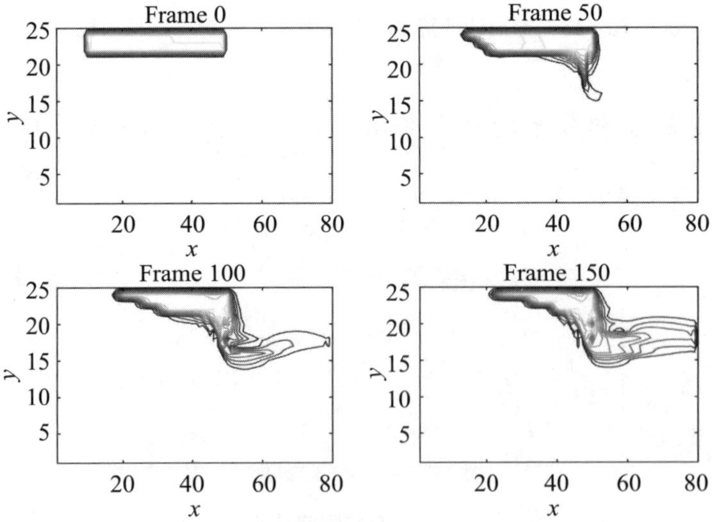

图4.21 来流速度为0.3 m/s的模拟结果

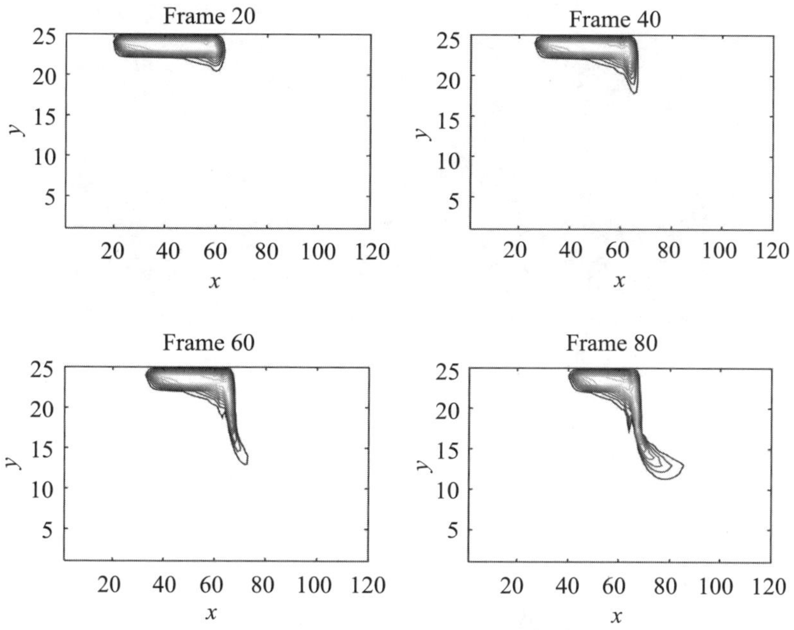

图4.22　来流速度为0.7 m/s的模拟结果

图4.23　文献[47]的实验结果

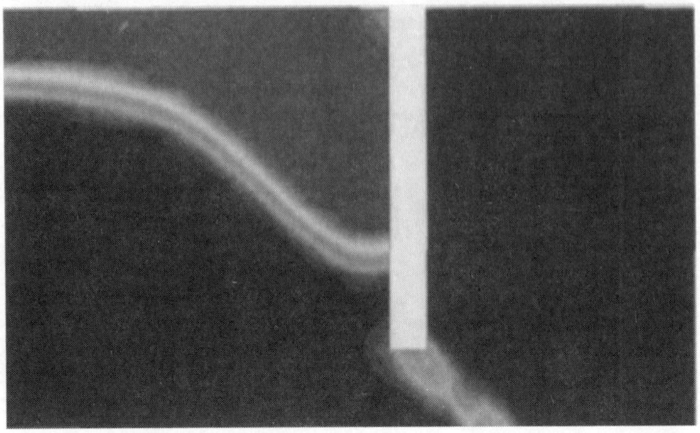

图4.24 王绪胜等[145]的CFD模拟结果

图 4.21 和图 4.22 分别为来流速度为 0.3 m/s 和 0.7 m/s 的时模拟结果，图 4.23 为维奥劳等[47]的物理实验得到的结果，图 4.24 为采用王绪胜等[145]的 CFD 方法得到的结果。从图 4.21 可以看出，溢油在来流的作用下随着流场移动，与围油栏接触后被围油栏阻挡，并且随着围油栏前部向下流场而向下运动；而后从下方绕过围油栏，该现象在图 4.21 至图 4.24 中都有体现，这与物理实验以及 CFD 模拟结果相吻合。同时从图 4.22 中可以看出，来流速度越大，围油栏前部向下的速度越大，溢油向下运动的趋势更加明显，这与本章的模拟结果也相符。

4.4.3 基于多相流方法的海上溢油模拟及验证

为了进一步验证该方法的适用性，本小节对存在波浪场的情况进行验证。

实验条件设置：实验区域为 3.5 m×7.24 m，除去消波区域后计算区域为 3.5 m×5.0 m；实验中采用油的密度为 950 kg/m³。详细设置与博思威克等[146]相同。

如图 4.25 所示，(a) 图为模拟的流场结果，图 (b)(c)(d)(e)(f) 的结果中点线为博思威克等[146]的实验结果，点画线为纳吉伯等[147]等模拟结果，实线等值线为本书模拟结果。

在该模拟中，体积分数运动趋势与图 4.6 运动结果有一定相似性，都是模拟体积分数在剪切流场下的对流输运过程。在流场中，体积分数基本沿着流场方向移动，沿顺时针方向运动。同时体积分数在流场方向有一定的拉长现象，这点在图 4.25 的第 15 周期、21 周期及 27 周期实线绘制结果及点线绘制结果有所体现。

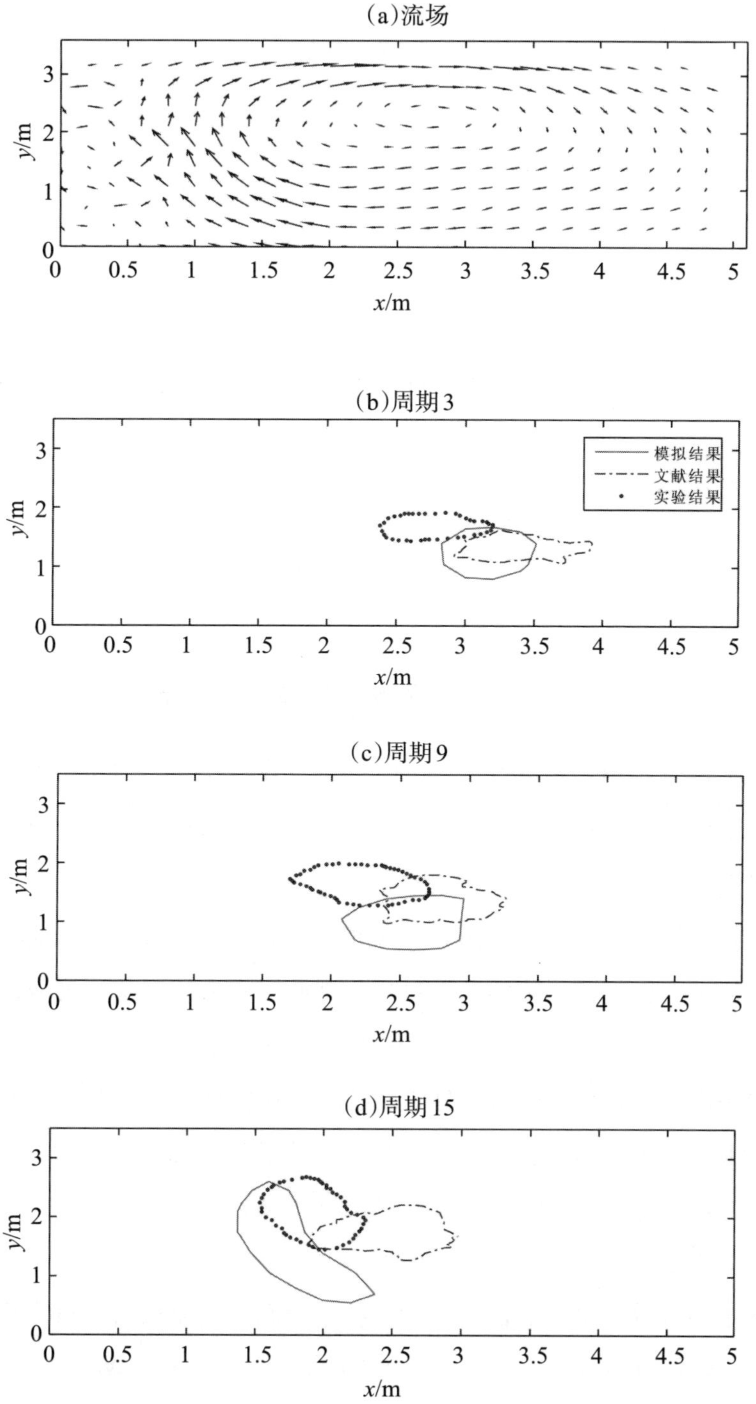
(a)流场
y/m
x/m
(b)周期3
模拟结果
文献结果
实验结果
y/m
x/m
(c)周期9
y/m
x/m
(d)周期15
y/m
x/m

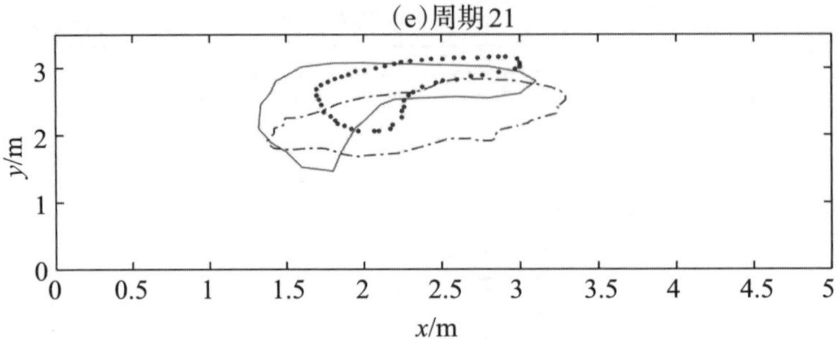

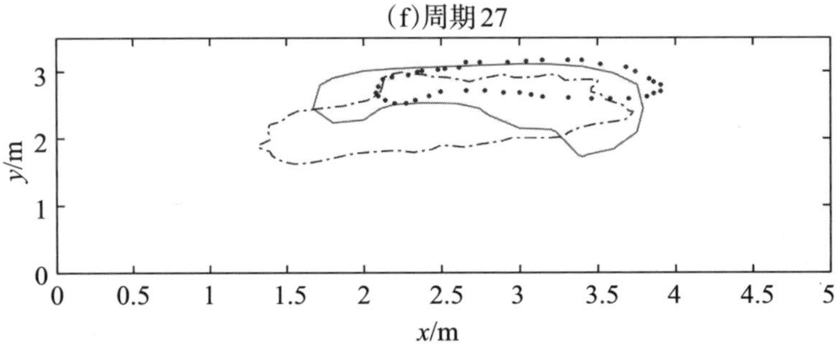

图4.25　波浪场和潮流场中溢油模拟结果

从模拟结果中也可以看出：油膜面积大小接近实验测量结果，如周期3、周期9、周期15。周期21和周期27的模拟结果比测量模拟偏大，但是与文献模拟结果接近。

从模拟结果的形态来看，由于该模拟与4.3.2小节中的剪切流场模拟类似。都是模拟溢油在剪切流场中的运动过程，因此该模拟结果应该与剪切流场中的体积分数运动形态接近。从模拟结果的周期15、周期21及周期27可以看出，模拟结果中的体积分数具有明显剪切流场体积分数形态，具体可参见图4.6。如在第15周期，体积分数在流场方向呈现出拉长现象。第21周期中，体积分数呈向右旋转趋势，这与实验结果吻合良好。第27周期，进一步呈现出向右旋转趋势，并且体积分数与实验结果较为吻合。

从图中还可以看出，纳吉伯[147]的模拟结果和本文模拟结果与实验结果相比面积偏大，经过分析及对比认为面积较大的原因可能有以下两点：

（1）数值格式仍然存在一定数值耗散。虽然采用高精度数值格式，但该数值格式依然存在一定的数值耗散，导致界面附近被平滑，从而模拟结果偏大。

（2）由于文献中的实验结果是采用数码相机进行采集，然后采用图像处理手段进行油膜边界提取。由于受到数码相机分辨率的限制，油膜厚度较薄区域无法进行识别，也可能导致实验测量得到的油膜面积偏小。

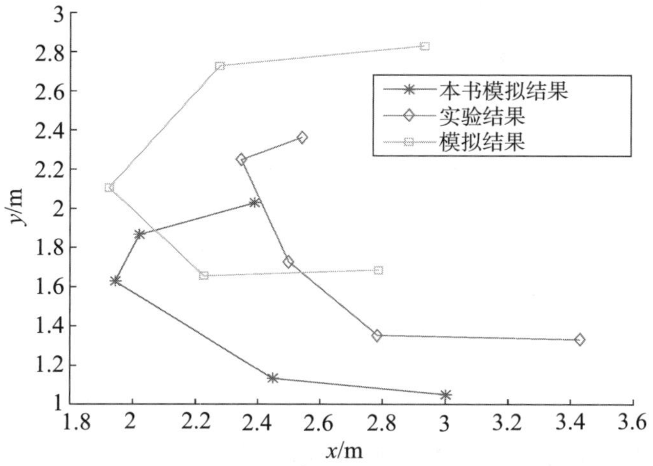

图4.26　油膜几何中心绘制结果

如图 4.26所示为实验以及模拟结果中油膜几何中心绘制结果，分别为周期3、周期9、周期15、周期21和周期27时刻；其中菱形线为实验结果，方形线为纳吉伯等[147]的模拟结果，星形线为本书模拟结果。从该图中可以看出模拟结果和实验结果中的油膜几何中心移动结果趋势基本一致，呈顺时针旋转趋势。但是也可以看出三个结果并没有重合，而是存在一定的偏差，分析认为可能是由于实验中记录的初始位置与实际的初始位置有一定偏差。有理由认为，如果纳吉伯等[147]的及本书的初始时刻位置与实验中的实际结果更加接近的话，相信模拟结果会更加接近。

为进一步对误差进行定量分析，选取误差L2范数（L2范数计算方法见2.3.2小节）作为误差的度量，计算采用式（2.28）进行。见表4.3所列，sim_dx，sim_dy为本文模拟结果与实验结果坐标（x，y）之差；类似地，ref_dx，ref_dy是纳吉伯等[147]的模拟结果与实验结果坐标之差。其中本文模拟结果L2范数误差为0.7760，而纳吉伯等[147]的模拟结果L2范数误差为1.1734，也就是说本书模拟结果的L2范数误差比文献模拟结果更好，在一定程度上说明了本书采用的高精度数值格式的优越性。

表4.3　几何中心L2范数误差结果对比

sim_dx(m)	sim_dy(m)	ref_dx(m)	ref_dy(m)
−0.4294	−0.2825	−0.6421	0.3538
−0.3372	−0.2212	−0.5582	0.302
−0.5556	−0.0996	−0.5749	0.3797
−0.3245	−0.3818	−0.0689	0.4802
−0.1511	−0.3325	0.3913	0.4693
0.7760		1.1734	

4.5　小结

为了进一步丰富虚拟现实中的流体模拟效果、提升基于多相流方法的海上溢油模拟行为的真实感，本章提出NBFLIP-VOF多相流模拟方法，即采用NB-FLIP结合VOF模型进行多相流模拟，该方法解决了NBFLIP方法不适用于多相流模拟的问题。NBFLIP方法是一种先进的流体模拟方法，它结合了欧拉方法及拉格朗日方法的优点。该方法能够在网格基础上比较精确地模拟出复杂边界的流场效果。而传统的拉格朗日流体模拟方法由于需要建立相邻粒子的关系，需要进行大量计算。而结合基于网格的方法，NBFLIP方法可以节省大量的搜索工作。此外，由于该方法同时具有拉格朗日方法的优点，可以对大变形流场进行模拟。该工作进一步扩大了NBFLIP方法的应用范围。从已有研究来看，这是首次采用NBFLIP方法结合VOF模型进行多相流模拟的尝试，还对多相流模拟及复杂障碍边界流场交互进行了模拟，取得了较好的交互效果，进一步丰富了多相流模拟效果。

同时，提出一种适用于多相流模拟的积分平均格式的溢油界面重构方法；与现有多种界面重构方法相比，该方法得到的界面更加清晰、平滑，能更加真实地体现实际界面的运动效果。

此外，分别进行了剪切流场中溢油运动界面重构、Rayleigh-Taylor不稳定问题结果的对比验证、布放围油栏工况下溢油对流扩散模拟及波浪场中溢油运动对比。从模拟结果可以看出，本书的模拟结果与实验结果或文献模拟结果吻合良好，该方法在一定程度上降低了数值耗散，证明该方法具有较好运动界面捕捉能力。

第5章

并行流体交互模拟及可视化

5.1 引言

图形学领域的流体模拟主要有两个方向：一个是注重流体模拟的细节效果，通过更密的网格、更高精度的数值格式，以希望获得更加丰富、更加接近真实世界的流体效果。由于受到目前计算机硬件的限制，这种方法一般无法应用于实时模拟系统中。另一个是很多学者或者工业界从业者感兴趣的方法，尤其是游戏、电影特效领域等，希望能够获得更快的模拟速度。对游戏中的流体模拟而言，开发者常常希望能够达到实时的模拟效果，这对流体模拟而言是一个不小的挑战。

实时系统中需要满足帧率不低于25帧/秒，即每秒更新至少25次，也就是说每帧的计算时间应小于等于0.04 s，这意味着所有的数值计算、渲染以及交互都需要在0.04 s内完成，只有这样才能满足实时系统的最低性能要求。要达到这样一个目标，常用的策略有两种：一种是简化算法，另一种是尽可能地利用现有的硬件设备进行加速。对于第一种策略而言，目前流体模拟通常是基于NS方程，这是一个非线性偏微分方程组，显然求解NS方程组的计算量已经很难再降低了。因此另外一个可能的策略就是进行GPU加速，而且事实上目前主流的方法也是从这个角度入手，考虑如何充分利用GPU的并行计算能力进行流体模拟加速。

此外，还有一个与数值计算同样重要的课题——可视化。如何将计算结果进行快速准确的展示同样重要。前面已经提到过，实时系统每帧可用的时间小于0.04 s，要在这有限的时间内完成计算、渲染以及交互等计算任务，挑战依然不小。

5.2　CUDA并行计算架构

CUDA（Compute Unified Device Architecture）是一种由NVIDIA推出的通用并行计算架构，该架构使GPU能够解决复杂的计算问题。

CUDA并行计算架构如图5.1所示，CUDA中的所有线程都在网格中进行。网格由一个个线程块（Block）组成，线程块由多个线程组成。基于CUDA的GPU编程与基于CPU的编程方法还是存在差异：基于CUDA的程序运行在设备（Device）中，基于CPU的程序运行在宿主（Host）中，程序运行时需要将相关的数据传输到设备端，在设备端计算完成之后再传输回宿主。从这个过程中可以看出，程序运行受限于设备和宿主之间的传输带宽，要想取得并行加速效果就要满足并行计算节省的时间大于等于宿主和设备之间的传输时间的条件，否则不能真正实现加速效果。也就是说需要足够的并行计算量（并行度）来弥补宿主和设备之间传输的时间消耗。

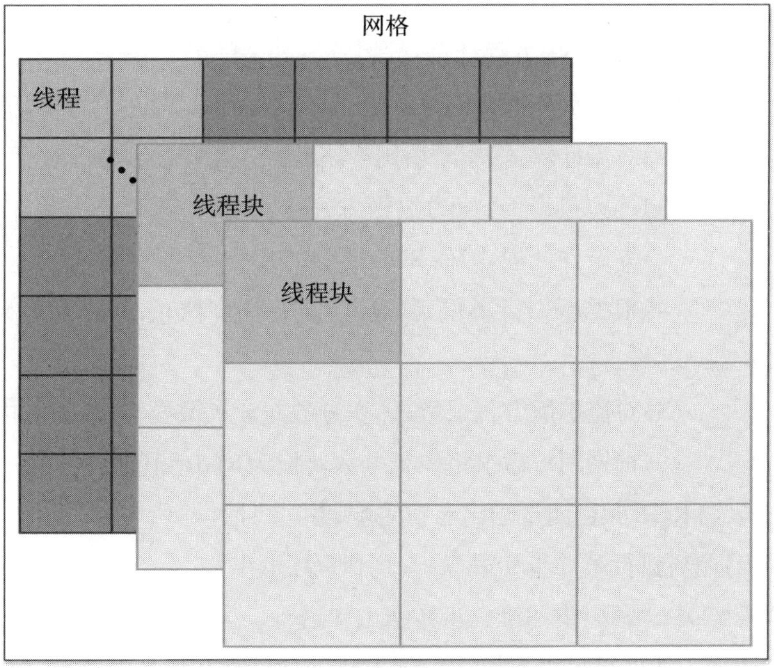

图5.1　CUDA并行计算架构

5.3 基于GPU加速的NS方程并行求解

5.3.1 NS方程并行求解

流体求解主要分为两个部分：基于NS方程的流场求解和障碍边界交互处理，其中障碍处理将在下一节中介绍。由于流体NS方程组求解过程中存在一定的依赖，要实现并行NS方程求解就需要将这个依赖进行分解，降低各个过程之间的依赖。NS方程中各项主要分为对流项、黏性项和压力项，由于压力求解过程存在依赖，不论是采用显式方法还是隐式方法进行压力求解，都需要在压力求解稳定之后才能进行下一步的速度修正。因此，压力求解过程需要和前后的对流求解及速度修正进行分解，如算法5.1所示，流体求解分为三个过程：对流求解、压力投影和速度修正。

算法5.1：NS方程并行求解算法

第一步,初始化,将数据传输至设备端。

第二步,设备端并行NS方程计算：

(1)计算线程网格编号(i,j),并通过网格编号进行数据访问；

(2)对流计算,采用斯塔姆[98]提出的半隐式方法进行对流计算；

(3)压力投影,对压力泊松方程迭代求解,进行压力更新,障碍边界条件处理,障碍SDF更新；

(4)根据压力投影得到的压力进行速度修正,并进行障碍边界条件修正；

(5)对流扩散方程求解,体积分数对流扩散更新,界面重构；

(6)根据用户需求将体积分数转换为RGB颜色向量；

第三步,将RGB颜色向量输出至宿主端,并进行渲染。

第四步,循环执行第二步和第三步,直到程序退出。

在算法5.1中，第一步和第三步在宿主中进行；第二步中的（1）至（6）都在设备端运行。从这里可以看出，由于大量的计算都在设备端进行，中间的数据传输只发生在初始化和最后的结果输出，因此程序具有较高的并行度。另外边界障碍处理在（3）和（4）进行，这部分将在下一章详细介绍。

5.3.2 NS方程并行求解与串行求解比较

表5.1 基于GPU的NS方程求解加速比

网格大小	CPU时间/s	GPU时间/s	加速比
256^2	0.2487	0.0073	34.1
512^2	1.0309	0.0269	38.3
1024^2	4.3226	0.1053	41.1

表5.1为本书提出的NS方程并行求解方法加速比。从表中可以看出，本书提出的方法加速比都达到30倍以上，对于网格分辨率为512^2而言，每周期计算时间为0.0269 s，小于0.04 s，可以满足实时系统的帧率要求。在实验中为了降低随机干扰因素对每个周期运行时间的干扰，CPU和GPU时间均是通过统计每100帧时间平均得到，每次实验通过100次采样再次平均得到最终每周期的运行时间。

5.4 基于GPU加速的围油栏离散方法

5.4.1 并行围油栏离散方法

围油栏是指用水下带裙边的浮体对水面油、污物进行围聚以防其扩散的一种设备。常用便携式围油栏用于阻拦在海上、港口溢油事故中油污的扩散。充气式围油栏主要由充气式浮体、裙边、拉力带、配重链、系锚件等组成。用锚碇固定在需要围栏的油污水面四周，根据使用区域可分为海洋型、近海型、港口型等多种类型，并具有相应的技术数据。围油栏的作用归纳起来主要有围控和集中、溢油导流和防止潜在溢油三种作用。

基于带符号距离函数的复杂边界障碍离散在3.3小节中已进行了详细介绍。同样也可以将围油栏看作一个障碍，因此围油栏的离散方法与复杂边界障碍离散方法相同。在实现了围油栏SDF离散之后，可以进一步实现围油栏与海上溢油的交互。

流体障碍交互是通过带符号距离函数（Signed Distance Function，SDF）来实现，要实现障碍交互首先就是需要识别和判断障碍的位置，具体方法如图5.2所示。图中弧形折线段表示围油栏分段，s_1、s_2分别表示网格点（i，j）到两个围油栏分段的距离。分别计算网格点（i，j）到所有分段的距离，然后通过逐个比较得到该点到围油栏分段的最短距离。当所有网格的最短距离都计算完成之后就得到了该时刻围油栏分段的SDF，具体算法见算法5.2。

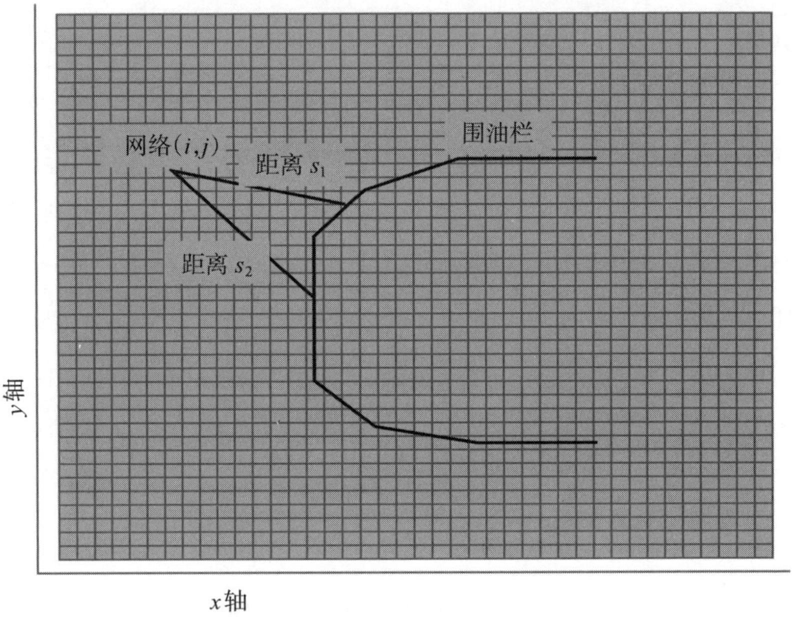

图5.2 围油栏SDF计算示意图

算法5.2：并行SDF计算方法

第一步，初始化网格及围油栏模型。

第二步，根据两端受力采用6.4节中的质点-弹簧模型更新围油栏各分段顶点的位置；将更新后的顶点位置传输到设备端。

第三步，遍历所有网格，计算每个网格到围油栏的最短距离；

（1）遍历围油栏每段线段，分别计算当前网格到当前围油栏分段的距离；

（2）如果当前距离小于到下一分段的距离，则将下一段距离设置为最短距离，否则最短距离保持不变，直到遍历完围油栏所有分段。

第四步，循环执行第二步和第三步直到程序退出。

并行算法与串行方法的区别在第二步和第三步。并行算法中，在第二步中需要将更新后的围油栏顶点更新到设备中。在第三步中，每个设备线程负责一个网格到围油栏顶点最短距离的计算，也就是说，并行算法是将所有的计算分配到和网格数目相同的线程中，当每个设备端线程完成了各自的计算任务之后，就得到了此时该围油栏的SDF。

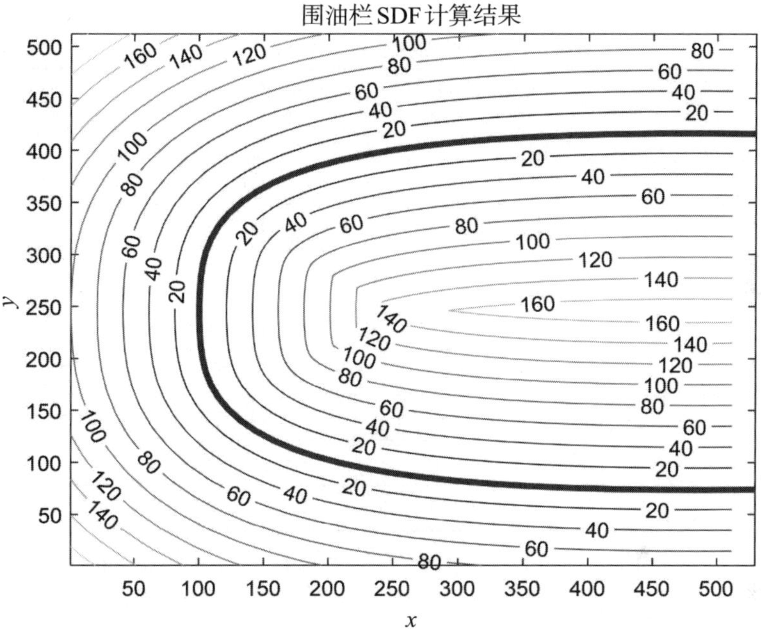

图5.3　围油栏SDF计算结果

如图5.3所示，加粗线段表示围油栏分段，由50个顶点组成的49段折线表示。等值线表示由算法5.2得到的SDF，其中加粗的零等值线表示某时刻围油栏所在的位置。从图中可以看出，围油栏SDF的零等值线与围油栏所在位置重合良好，说明该方法准确计算了围油栏的SDF，拟合效果良好。在实际应用中只需要查询当前位置的SDF值是否为零即可判断当前位置是否为障碍物，不论是进行碰撞检测还是进行流体障碍交互都非常便捷。

5.4.2　与串行方法的比较

表5.2和表5.3表示 256^2 网格 512^2 网格分辨率时不同围油栏顶点数目的加速比。此处时间统计与5.3节方法相同，从表5.2和表5.3中可以看出，基于GPU

方法的加速比达到近千倍，加速效果非常明显。分析能够获得高加速比的原因有以下几点。

（1）采用SDF进行障碍处理具有很高的并行度。在整个计算过程中，数据之间没有依赖，每个GPU内核负责各自的计算任务，该问题进行这种分解之后非常适合并行求解。

表5.2 网格分辨率256^2的加速比

围油栏顶点数	CPU时间/s	GPU时间/s	加速比
50	9.5167	0.0104	915.1
100	20.8167	0.0194	1073.0
200	39.5891	0.0379	1044.6

表5.3 网格分辨率512^2的加速比

围油栏顶点数	CPU时间/s	GPU时间/s	加速比
50	38.463	0.0388	991.3
100	84.7994	0.0751	1129.2
200	158.9325	0.1478	1075.3

（2）极低的数据传输损耗。在计算SDF过程中，需要传输到设备端的数据量非常少，仅仅只有围油栏分段的顶点位置需要进行传输，而围油栏分段通常少于100段，数据量非常小；而计算几乎全部发生在设备端，在计算过程中无须将计算结果传输回宿主端，因此大大降低了传输过程中的时间损耗；在5.1小节中也分析过，如果能够降低数据传输损耗，是可能获得很高加速比的，因此该结果与前面的分析及常识是相符的。

5.5 基于GPU的纹理投影方法

5.5.1 纹理投影方法介绍

纹理投影方法与投影机的工作原理类似，其中最重要的一点就是确定纹理坐标位置，纹理坐标的确定常常依赖于物体表面顶点相对位置和投影机位置。为把纹理投影到一个表面上需要根据表面点位置和投影源来确定纹理坐标。可把投影源比作一个位于场景某处的摄像机，就像开放图形库（OpenGL）[156]中定义的摄像机一样，该投影坐标系统的中心点位于投影源所在的位置。视图矩阵$\boldsymbol{M}_{\text{view}}$将坐标转化到投影坐标系统，透视投影矩阵$\boldsymbol{M}_{\text{proj}}$将视景体转换为一个大小为2的视景体，其中心点位于投影坐标系统的原点。但由于规格化的投影空间是[−1，1]，而纹理坐标是在区间[0，1]，因此需要把这个视景体转化到区间[0，1]中，可以先把其缩小1/2，然后再平移1/2，这样就转化到了[0，1]上。得到的变换矩阵如下：

$$\boldsymbol{M}_{\text{world}} = P \cdot \begin{bmatrix} 0.5 & 0 & 0 & 0.5 \\ 0 & 0.5 & 0 & 0.5 \\ 0 & 0 & 0.5 & 0.5 \\ 0 & 0 & 0 & 1 \end{bmatrix} \cdot \boldsymbol{M}_{\text{proj}} \cdot \boldsymbol{M}_{\text{view}} \tag{5.1}$$

式中：$\boldsymbol{M}_{\text{world}}$为需要计算的世界坐标系下的纹理坐标；$P$为局部坐标系下的纹理坐标；$\boldsymbol{M}_{\text{proj}}$为投影矩阵；$\boldsymbol{M}_{\text{view}}$为视矩阵。

从上述过程可看出，该方法首先对纹理坐标进行投影变换，之后再进行视景变换，得到世界空间中纹理的实际坐标，最后在片元着色器中根据该坐标与实际的背景进行融合，得到融合之后的效果。另外，由于该方法是在片元着色器中进行融，融合之后的效果非常自然，实现起来也更加简单。

5.5.2　纹理投影方法实现

纹理投影方法流程图如图5.4所示，纹理投影方法主要有以下步骤。

（1）首先进行初始化，生成油膜纹理。

（2）然后进行油膜纹理更新。在这个步骤中，油膜纹理是根据溢油的体积分数来更新的。而溢油体积分数的更新根据第4章的多相流方法进行。同时，在体积分数更新的时候需要考虑溢油在流场中自身的运动以及与围油栏等障碍交互。

（3）接下来是进行投影变换，将世界坐标系下的纹理坐标转换为投影坐标系下的纹理坐标。这部分采用基于GPU的着色器编程实现。

（4）最后是进行投影纹理与背景像素的融合。对于动态变化的背景而言，背景的颜色也需要不断更新。比如投影在动态海面时，需要对海面的高度及颜色进行更新，而后再进行投影纹理与背景海面的融合。

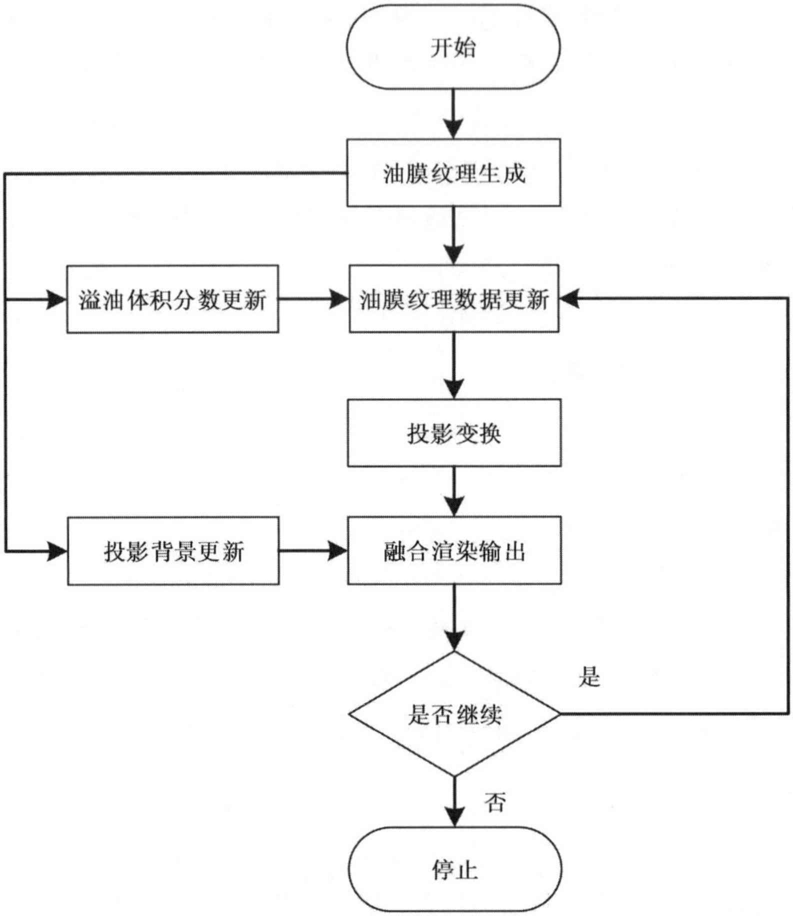

图5.4 纹理投影方法流程图

以上是纹理投影方法的主要步骤。但是在具体的实现过程中还有以下需要注意的地方。

（1）在溢油纹理更新的过程中，由于需要对溢油体积分数进行更新。而溢油体积分数的更新是依赖于CFD计算的，但基于CFD方法的数值计算是非常耗时的，因此采用基于GPU加速的并行流体求解方法来解决这一问题，最终达到实时流体求解。这个步骤也是基于物理的流体模拟非常关键的一步，如果不能高效求解NS方程，那么整个溢油模拟就无法实现实时模拟。

（2）在投影变换的过程中，由于溢油发生的位置是不确定的，而纹理投影方法投射的区域是有限的。因此如果溢油出现在投影区域以外，会出现纹理截断，也就是超出部分的纹理将会丢失。针对这种情况，该纹理投影方法是以投影摄像机为参照，根据溢油发生的位置以及溢油纹理的包围盒来调整摄像机的位置，始终保持溢油纹理在摄像机的中间。

（3）由于在渲染引擎中，动态数据的更新时非常耗时，因此一般在系统中都会尽量避免动态更新场景中的数据，但由于纹理的数据是需要实时更新的，而且这个更新又是必须的。因此同样采用基于GPU的方法实现纹理投影及融合，将更新后的纹理通过着色器更新到动态的海面上，从而实现动态数据的更新。

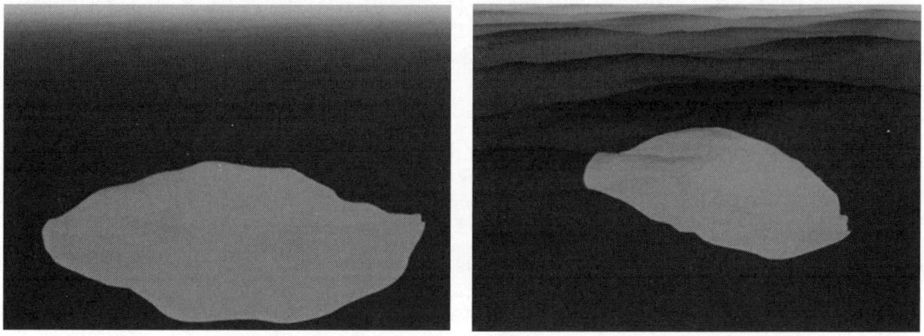

（a） 平静海况海面　　　　（b） 恶劣海况海面

图5.5 油膜纹理投影在不同表面上效果（为突出对比，采用橙色绘制）

以往的纹理贴图方法需要预先计算各个顶点的纹理坐标，然后根据计算得到的纹理坐标进行贴图。而该方法不需要计算顶点纹理坐标，该方法与三维模型无关，因此具有通用性。如图5.5所示，这是纹理投影在不同海况海面时的效果，从图中可以看出，该方法对复杂动态海面仍然有很好的适用性，油膜与海面贴合非常紧密。不论是平静海面还是恶劣海面，该方法都是适用的，充分说明了该方法的健壮性。

5.5.3 基于GPU的纹理投影方法性能测试

为了比较基于GPU方法纹理投影算法的计算效率，分别在CPU和GPU上进行了不同分辨率下纹理投影的比较，纹理分辨率为512^2～4096^2。

硬件平台及操作系统：见表5.4所列，实验采用的是HPZ230工作站；处理器为Intel I5处理器；显卡为英伟达GTX950显卡；内存为DDR3代4GB内存；操作系统为Windows 7 64位操作系统；三维渲染采用OSG（Open Scene Graph）[157]渲染引擎，版本为v3.2.1。

表5.4 硬件平台及操作系统等信息

主机型号	HPZ230 工作站	内存	4G DDR3
处理器	Intel I5	操作系统	Windows 7 64位
显卡	GTX950	三维渲染引擎	OpenSceneGraph v3.2.1

本节分别进行了不同纹理分辨率下纹理投影方法的计算耗时。如图 5.6所示，该图为将不同顶点个数的多边形进行纹理烘焙后得到的纹理进行投影实验的耗时对比，其中横轴为多边形顶点个数，纵轴为耗时。其中线段分别表示纹理分辨率为128^2、256^2和512^2运行时间对比。从中可以看出，基于CPU的纹理投影方法中，纹理分辨率为128^2对应不同顶点时数量算法耗时分别为2.25 s、4.77 s、6.63 s和9.17 s。纹理分辨率为256^2时算法耗时分别为9.15 s、17.87 s、26.57 s和35.35 s。从中可以看出算法耗时与顶点个数基本成正比，尤其是128^2和256^2分辨率时最为明显，也就是说，基于CPU方法的纹理投影方法是与顶点个数成正相关的。这个结果与实验的预期也是相符的，因为基于CPU的纹理投影算法需要逐个计算每个顶点的投影，即该算法的计算量与顶点个数成正比，因而算法耗时与顶点个数成正比。

对于基于GPU的纹理投影算法而言，顶点个数对基于GPU并行纹理投影算法的影响基本可以忽略，因此只给出了多边形顶点为400时的结果。

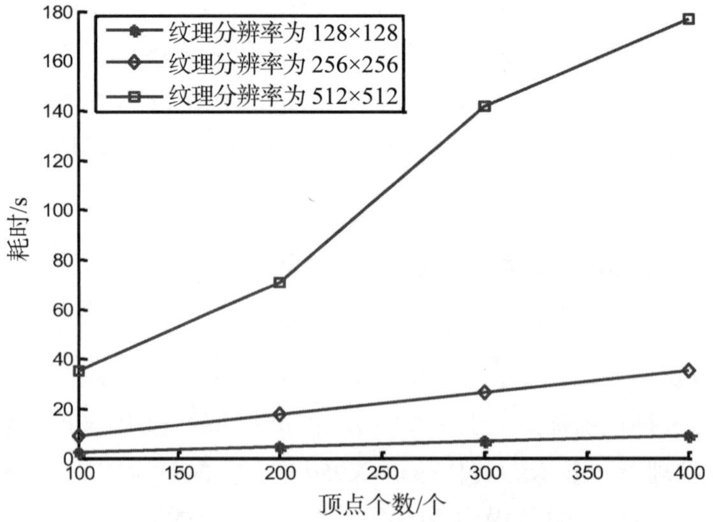

图5.6 基于CPU方法不同纹理分辨率的运行时间

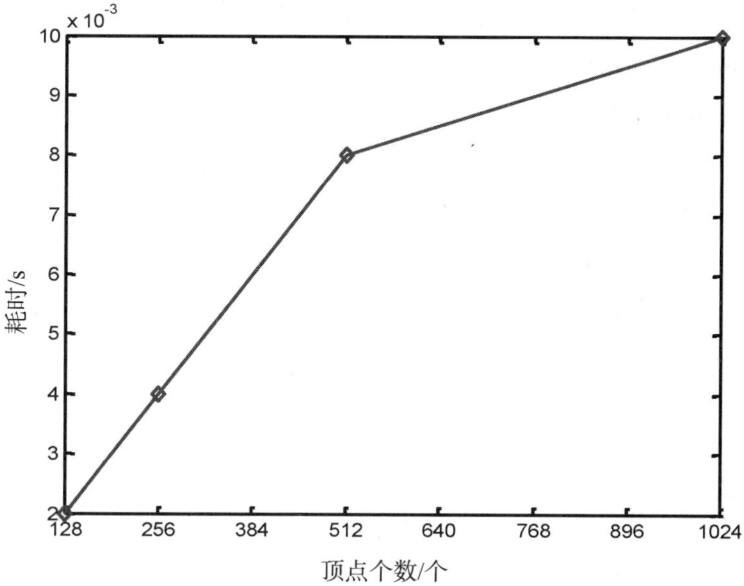

图5.7 基于GPU方法不同纹理分辨率运行时间

如图5.7所示为投影多边形顶点数为400时不同纹理分辨率的计算耗时。对于分辨率为512^2的纹理而言，基于GPU的纹理投影算法耗时为8 ms，基于CPU算法的纹理投影耗时为176.83 ms，加速比为22.1，加速效果明显。从这可以看出，如果采用基于CPU方法的纹理投影算法，系统运行帧率必定小于5.66帧/秒(1000 ms/176.83 ms)，远远低于实时系统25帧/秒的最低要求。而对于基于GPU的并行纹理投影算法而言，即便采用1024^2分辨率的纹理，其运行时间为10 ms，理想情况下帧率能够达到100帧/秒，因此采用基于GPU加速的并行纹理投影算法也是系统实时性的重要保障之一。

5.6 小结

本章对基于物理的海上溢油实时模拟中的关键问题进行了并行加速研究，包括基于NS方程的并行流体模拟方法、移动复杂障碍并行离散交互方法以及海面溢油可视化并行加速。

其中流体模拟采用基于GPU的NS方程并行求解方法，NS方程求解是整个系统中最耗时也是关键部分之一。基于NS方程的流体模拟是基于物理的海上溢油模拟的基础，这个过程中需要对流体压力泊松方程进行迭代求解，对溢油体积分数进行对流扩散追踪以及流体与障碍的交互处理等。

流体与障碍交互是流体模拟的重要内容之一。对于复杂障碍而言，其离散及交互过程是非常复杂和耗时的。针对这个问题，本章提出基于SDF的障碍离散及交互方法。该方法的好处是可以方便地进行并行化处理，为后续的实时流体模拟及交互奠定了基础。

针对海上溢油可视化问题，提出了基于GPU的并行纹理投影方法进行海面溢油可视化。由于纹理投影方法同样具有便于并行化的特点，与基于CPU方法的纹理投影算法相比，基于GPU方法的纹理投影算法具有较高的加速比，对于分辨率为1024^2的纹理而言，其每帧耗时约为10 ms，理想条件下该方法运行帧率能够达到100帧/秒，能够很好地满足实时系统最低25帧/秒的帧率要求。

本章针对基于物理的海上溢油模拟中的高耗时部分进行了并行加速研究，该研究为第6章的基于物理过程的海上溢油模拟奠定了基础。

第6章 基于物理过程的海上溢油模拟及应用

6.1 引言

基于物理的数值模拟是近年来虚拟现实（Virtual Reality，VR）领域的研究热点之一，同时也是提升VR环境真实感的关键技术之一。

近年来VR软件硬件技术得到了长足的发展，消费级的VR可穿戴设备也已经问世。如Oculus Rift DK2、索尼Project Morpheus、三星Gear VR等都是目前较好的VR装置。2016年03月05日，德意志银行发布了VR发展报告，报告指出，随着大众的需求远超预期，虚拟现实显得越发真实，尽管这项技术会进一步占据市场，但挑战依然存在。该报告也再次强调，进一步市场化的关键并不是硬件，而是内容。其中最重要的是创建沉浸式的内容需要合适的故事情节，而这正是目前的一大软肋。

该报告既肯定了VR大发展的时代即将到来，强调了VR的核心在于其内容，而不是硬件设备；也不否认VR技术进入人们的日常生活还有很长的一段路要走。其中，VR技术中物理真实性的严重不足是制约VR发展的关键因素之一。在创建高质量VR内容的时候，除了高沉浸感之外，人们还需要考虑场景中的物理真实感。正因为如此，基于物理的模拟是虚拟现实技术的重要方向之一，也将是未来虚拟现实技术发展的主要方向之一。

本章从基于物理的流体模拟出发，结合基于纹理投影方法的海面溢油可视化方法和基于GPU加速的流体模拟及障碍交互方法，实现基于物理的实时海面溢油及交互模拟。

6.2 基于物理过程的实时海面溢油模拟及可视化

基于物理过程的实时海面溢油模拟及可视化可以分为三个主要部分：基于

质点-弹簧模型的海上围油栏模拟、基于物理方法的海上溢油交互模拟以及基于纹理投影方法的海面溢油可视化，实现流程如图 6.1 所示。

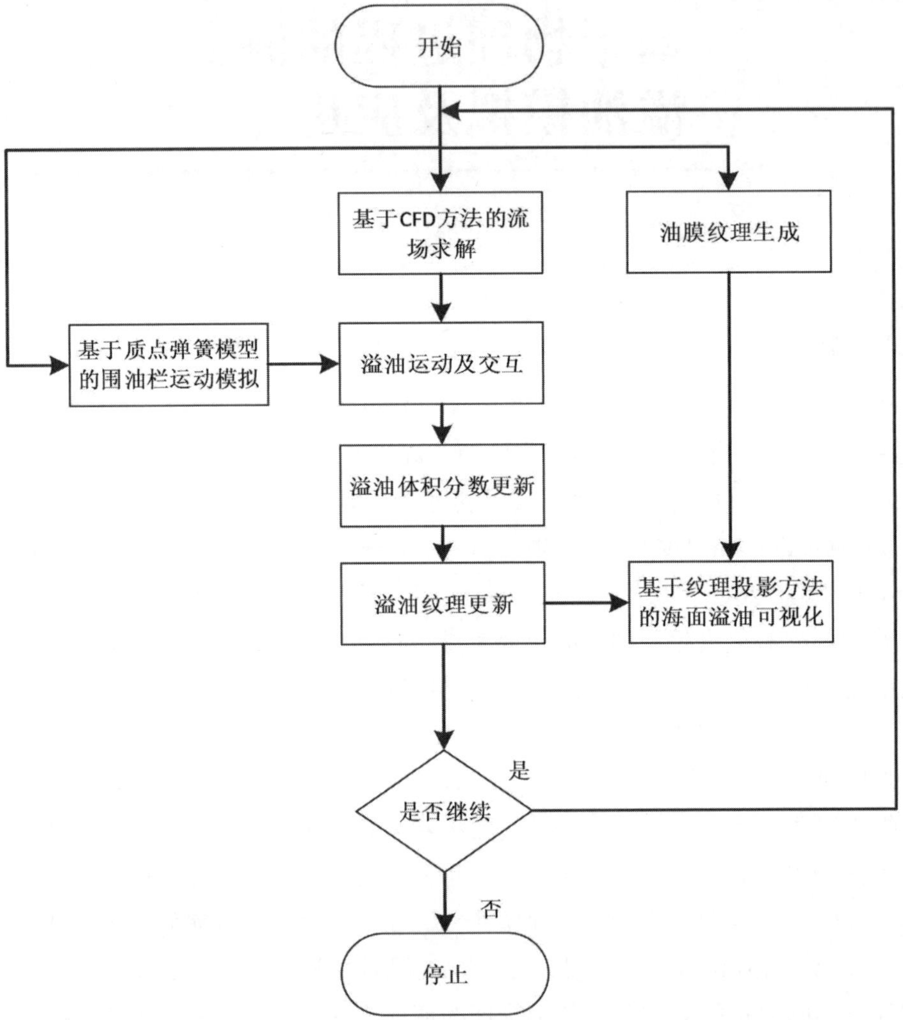

图 6.1　基于物理过程的实时海面溢油模拟及可视化流程图

基于质点-弹簧模型的围油栏模型为围油栏运动提供驱动力，这也是基于物理的海上溢油模拟交互的关键组成部分。由于围油栏对其附近流场具有明显的影响，因而对海面溢油运动会造成显著的影响，因此对围油栏进行更为细致的建模是必要的。采用经典的质点-弹簧模型进行围油栏建模，将围油栏离散为众多的分段，相邻的分段又通过节点进行连接；在质点-弹簧模型组成的围油栏系统中，所有的围油栏分段是同步进行模拟的，这样可以实现整个围油栏运动模拟的效果。

围油栏与流场交互通过SDF实现，这部分内容在5.4节中进行了详细的介绍。由于该方法便于并行化实现，适合在GPU上运行。经过并行化优化的流体交互方法具有较高的加速比，这也为基于物理的实时海上溢油模拟奠定了基础。

基于物理的海上溢油模拟的主要研究包括基于多相流方法的海上溢油模拟及交互、基于GPU加速的并行NS方程求解以及并行障碍交互方法和基于纹理投影方法的海面溢油可视化。通过GPU加速实现基于物理的实时流体模拟和交互关键算法的并行加速，并成功将其应用于实时海上溢油模拟及交互中，这具有重要的意义。

此外，如何将模拟结果快速、准确和高效地进行表达也是本章研究的主要内容之一。由于海上溢油可视化过程中需要将溢油纹理与海面进行融合叠加。而海面是动态变化的，如何在一个不规则变化的动态海面上进行纹理渲染也是一个难点。由于通常的纹理贴图方法需要分别计算每个面片顶点的纹理坐标，因此计算效率不高。对于实时系统而言，又必须满足最低帧率不低于25帧/秒的要求，因此，提出了基于纹理投影方法的海面溢油可视化方法。该方法采用投影的方式直接将溢油纹理投影到海面上，实现海面溢油的动态可视化，同时采用基于GPU加速的并行化处理，大大提升计算效率。

6.3　基于纹理投影方法的海上溢油可视化及其改进

6.3.1　基于纹理投影方法的海上溢油可视化

如图6.2所示，海面溢油可视化方法主要可以分为两个部分：基于纹理投影方法的海面溢油可视化以及基于物理的溢油体积分数更新。溢油体积分数更新主要包括基于物理方法的流场求解、溢油运动模型及交互方法、溢油体积分数更新和溢油纹理更新等步骤。

基于物理方法的流场求解在第3章和第4章进行了详细的介绍，该过程主要是通过求解NS方程实现流场的求解，结合基于GPU的并行加速实现实时的流场求解。

海上溢油运动模型是采用基于多相流理论的方法进行求解，在第4章“基于多相流理论的海上溢油过程模拟及交互”中进行了阐述。这部分主要处理溢油在流场中的运动追踪，包括对流输运、扩散运动以及在遇到障碍时溢油与障碍交互的处理等。

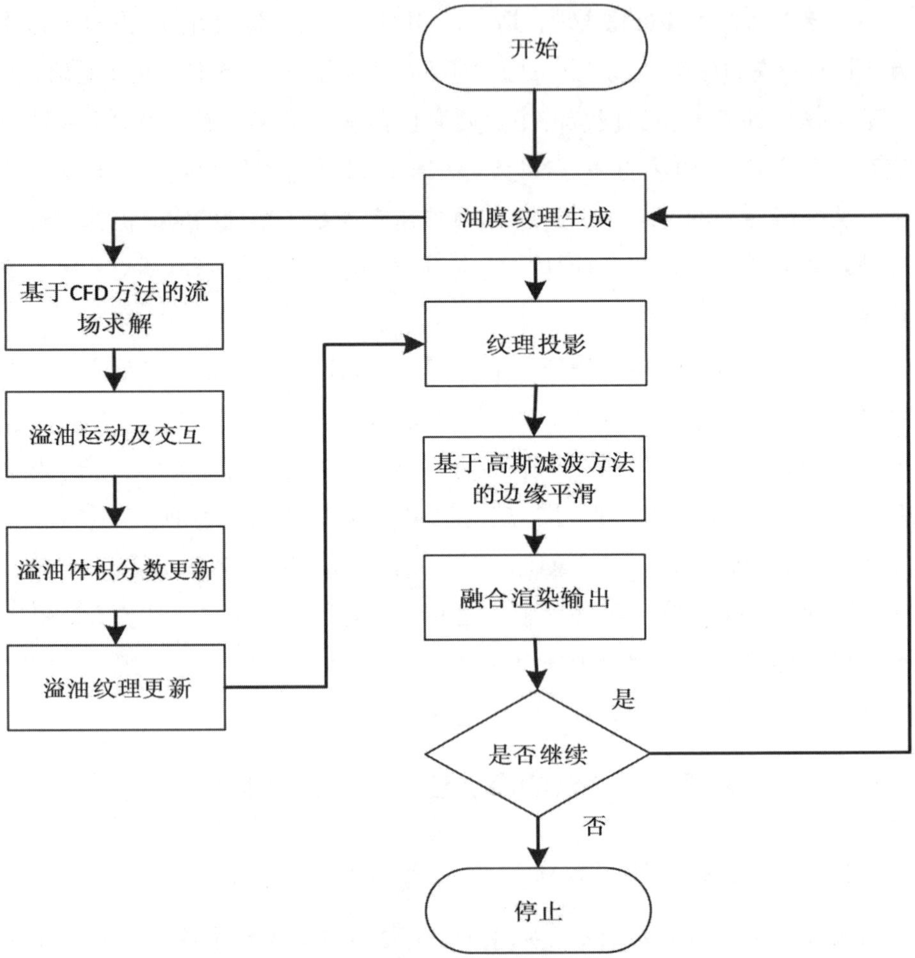

图6.2　基于纹理投影的海面溢油可视化方法流程图

溢油体积分数更新是根据前一步得到的流场以及溢油运动模型进行溢油体积分数更新。由于本节采用VOF模型进行海上溢油的追踪，对体积分数的追踪也就是对多相流中的不同的相分别进行追踪的过程。

溢油纹理的更新是根据溢油体积分数进行溢油纹理的颜色更新的过程。由于前面追踪的体积分数是一个取值范围为[0,1]的小数，而纹理是由RGB三个取值范围为[0,255]的颜色值决定，因此这中间还需要进行一次转换。在这个过程中，可以根据用户的需要进行指定颜色的设置，也可以根据用户设置的纹理进行颜色的读取。但是需要指出的是，由于这个过程是每帧都需要更新的，计算量很大。为提升计算效率，也将这部分也是放在GPU中进行。

最后，在得到更新的纹理之后，需要将其传输到指定的主机内存中，便于后续的纹理投影处理。

6.3.2　基于高斯滤波方法的边缘锯齿改善

详细的纹理投影方法在5.5小节已经介绍过，但是在实际应用中，由于受到纹理分辨率的限制，有时纹理投影到海面时其边缘会出现锯齿现象。这就导致了纹理的可视化效果受到纹理像素分辨率的影响。若分辨率较低，投影之后纹理边缘会出现锯齿现象。为了改善这种边缘锯齿效应，有学者提出采用高斯平滑滤波法[158]进行纹理处理的平滑滤波，来改善纹理投影方法的边缘锯齿效应。

$$\text{kernel}=\frac{1}{16}\times\begin{bmatrix}1 & 2 & 1\\ 2 & 4 & 2\\ 1 & 2 & 1\end{bmatrix}\tag{6.1}$$

高斯滤波是对整幅图像进行加权平均的过程，每一个像素点的值都由其本身和邻域内的其他像素值经过加权平均后得到。高斯滤波的具体操作是：用一个如式（6.1）的模板扫描图像中的每一个像素，用模板确定的邻域内像素的加权平均像素值去替代模板中心像素点的值。

图 6.3为未采用高斯滤波和采用高斯平滑滤波法进行纹理投影的效果图，其中左侧为拖轮，深色部分为溢油纹理渲染后效果。从中可以看出采用高斯平滑滤波法进行纹理平滑滤波处理后，边缘的锯齿效应得到了明显改善。

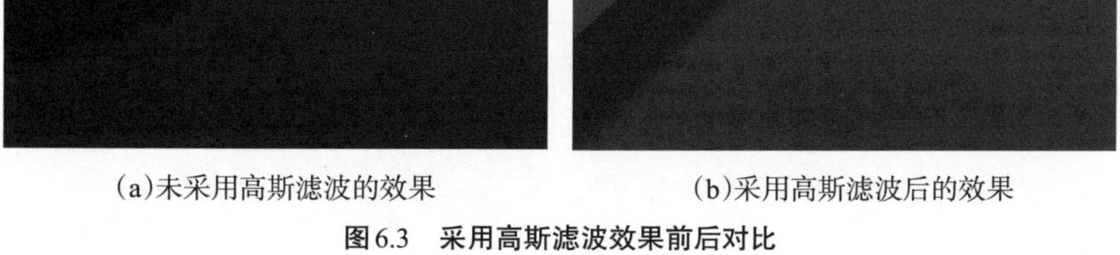

(a)未采用高斯滤波的效果　　(b)采用高斯滤波后的效果

图6.3　采用高斯滤波效果前后对比

6.4 基于质点-弹簧模型的围油栏建模及验证

6.4.1 质点-弹簧模型

质点-弹簧模型由普罗沃特[159]提出，他认为模型中各点的密度和厚度是均匀的。并将其离散成质点，每个质点的质量和物理、机械性能均相同。在质点-弹簧模型中，每一个粒子质点与两端粒子质点通过弹簧相连，这些弹簧保证了仿真效果的真实性。每个质点粒子在横向通过结构弹簧相连，在受到拉力时，通过弹簧传递拉力和压力。如式（6.2）所示，弹簧的形变通常可视作线性弹性变化，并遵守胡克定律。对于质点 i，连接质点 j 的弹簧产生的作用力为

$$F_{si} = K_s(|x_{ij}| - l_{ij})x_{ij} / |x_{ij}| \tag{6.2}$$

其中：$x_{ij}=x_i-x_j$ 为质点 i 和质点 j 之间位置差异向量；K_s 为弹性系数；l_{ij} 为质点 i 和质点 j 之间的初始位移差。此外，为了降低弹簧由于受到拉力发生震荡，增加了阻尼器，该阻尼模型由两部分组成，分别为弹簧和阻尼，阻尼力的计算公式为

$$F_{ds} = K_d(v_i - v_j) \tag{6.3}$$

其中，K_d 为弹簧阻尼系数，v_i 和 v_j 分别为质点 i 和 j 的速度向量。在使用时可以通过调节阻尼系数参数抑制震荡现象的发生。

6.4.2 基于质点-弹簧模型的围油栏建模

围油栏模拟采用质点-弹簧模型，其实现流程如图 6.4 所示。

在进行围油栏模拟时，首先根据围油栏的物理尺寸建立围油栏的三维模型。在程序运行时，首先将围油栏模型加载到场景中，并根据实际情况进行适当的平移和缩放。

围油栏的位置设置在其中心位置，在程序中需要保存其原始长度以及姿态信息。当围油栏运动时，需要根据其位置和姿态计算其长度变化及角度旋转。同时根据当前长度及原始长度计算出长度变化，从而计算出每个围油栏的分段受力。

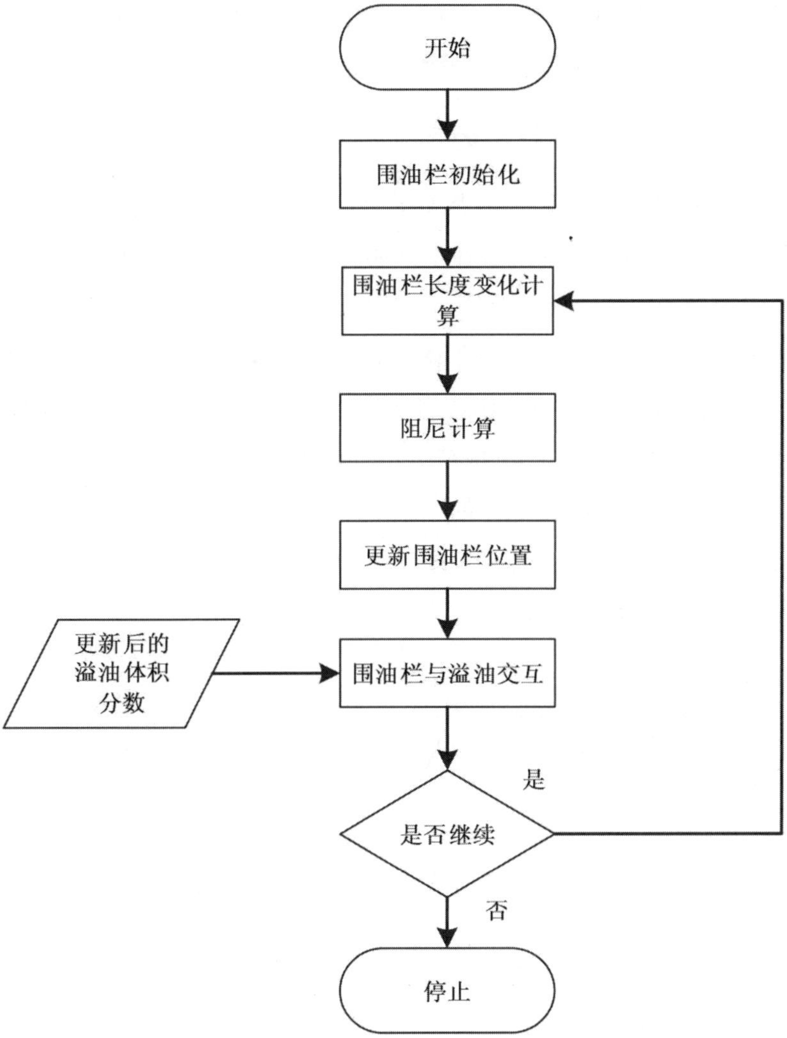

图6.4　围油栏模拟流程图

在质点-弹簧模型中，为了提升其稳定性通常会加入阻尼器。可以通过调节阻尼系数来控制阻尼力的大小。

通过将围油栏的受力和阻尼器的阻尼力进行叠加可以得到围油栏每个节点所受的合力。由于每个节点的质量已知，通过动量定理便可以得到每个节点的运动速度。通过速度对时间的积分可以更新节点的位置。

围油栏更新位置后，根据溢油体积分数实现交互。溢油与围油栏的交互通过SDF实现，详细内容在5.4小节中进行了介绍。体积分数的更新通过多相流方法进行，详细内容在第4章进行了介绍。

6.4.3 基于质点-弹簧模型的围油栏模型验证

为了验证本书建立的基于质点-弹簧模型的围油栏模型，我们进行了一组实验验证对比。该实验模拟柔性绳索在空气阻力中自由下落的过程，绳索左端固定，右端为自由端。

当实验开始时，右端开始自由下落，而后运动类似于单摆运动。图6.5为胡晓楠[160]等采用ANSYS/LS-DYNA基于有限元方法的模拟结果。同时胡晓楠等[160]还进行了物理实验，并将模拟结果与实验结果进行了对比，两者吻合良好，因此该其结果具有较高的可信度。

实验条件设置：绳索长度为1 m，直径为1.5 mm，线密度 $\rho = 1.07 \times 10^{-3}$ kg/m，刚度系数 $\rho = 100$ N/m。

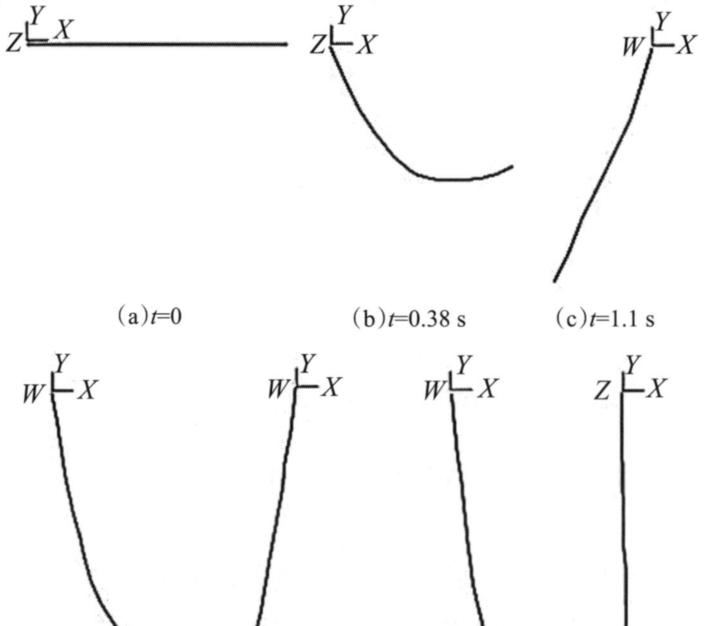

图6.5 文献[160]中柔性绳索仿真结果

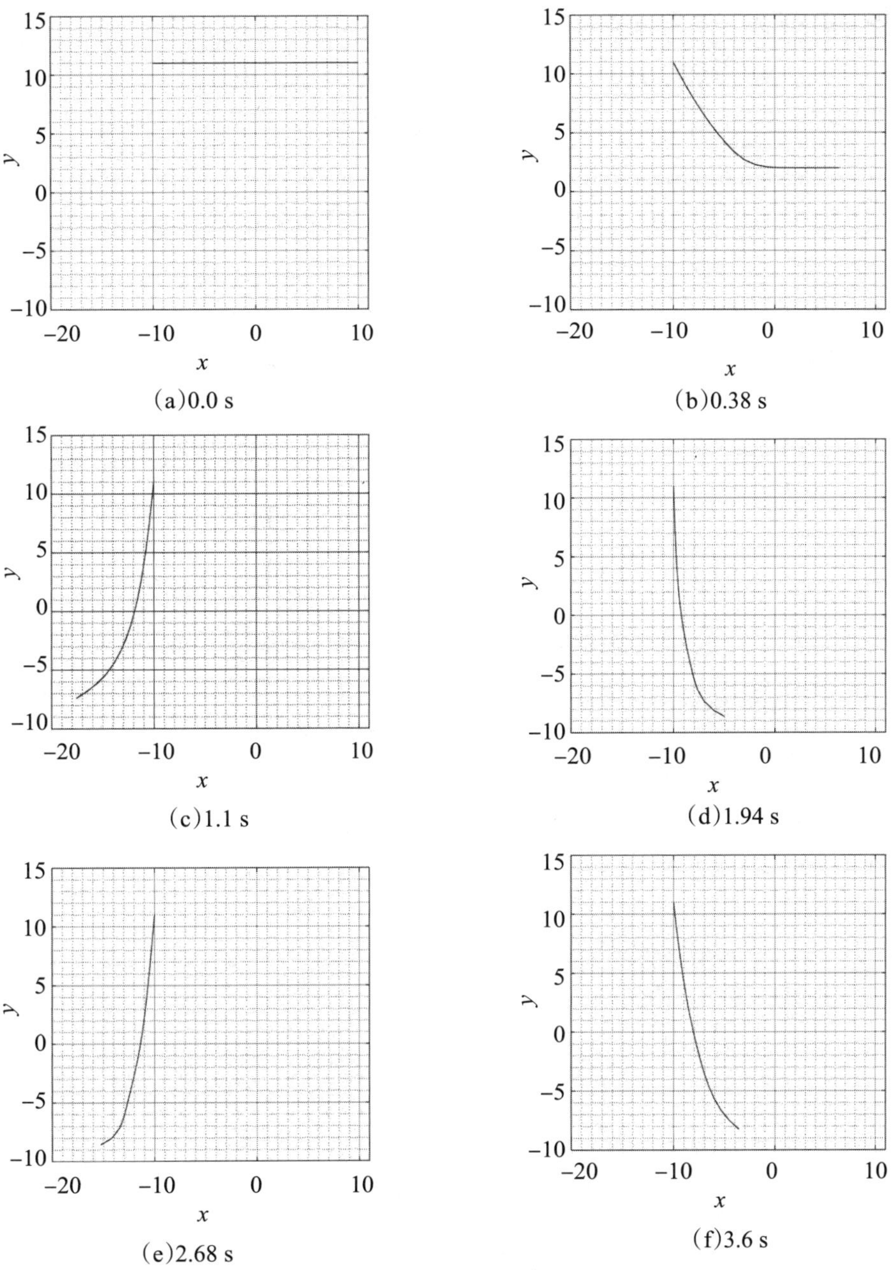

图6.6　柔性绳索仿真结果

图 6.6为图6.5中采用方法模拟的对应时刻结果。当实验开始后，右端绳索开始下落，而后逐渐接近平衡位置并向左端运动，如图（c）所示。向左运动后逐渐达到最高位置，而后回落向右运动，并在此通过平衡位置继续向右侧运动，

如图（d）所示。之后重复类似运动，直到最终在空气阻力的影响下停止运动。

从两图对比结果可以看出，该方法较好地重现了柔性绳索左端固定时自由下落的运动趋势，由此验证本节提出的基于质点-弹簧模型的可靠性。

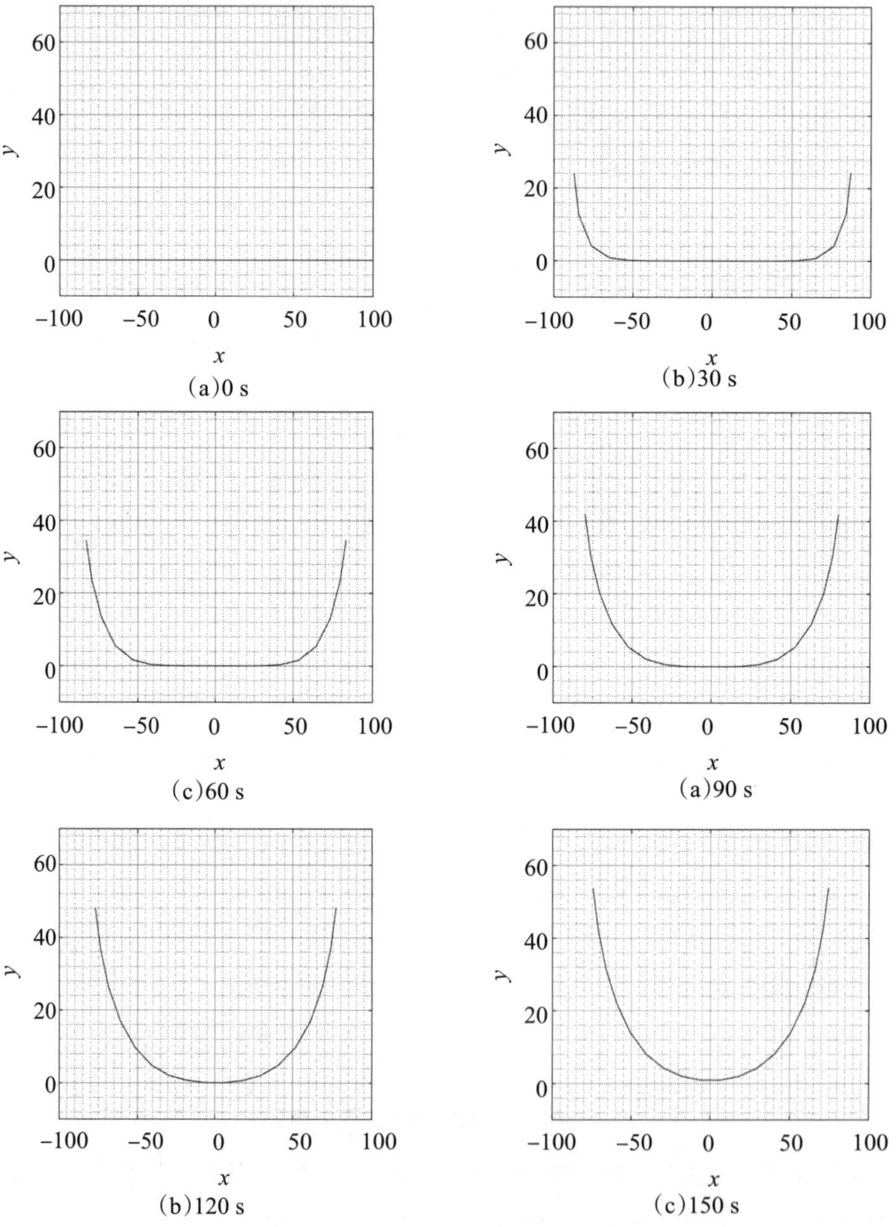

图6.7　围油栏模拟结果序列

图 6.7 为模拟的围油栏序列结果。该实验模拟的是对围油栏两端进行拖带的效果。在围油栏两端分别施加一个垂直向上的力。实验开始后，围油栏左右两端受力后开始向上运动。在质点-弹簧模型的驱动下，最后围油栏成弧形向上运动。

图 6.8 为围油栏模拟结果与真实围油栏对比。从图中可以看出，在拖轮拖带作用下围油栏呈明显的弧形，这个现象在图 6.8（a）（b）两图中都有体现，进一步说明了该方法的可靠性。

(a)真实围油栏照片　　(b)围油栏模拟效果

图 6.8　真实围油栏与模拟结果对比

6.5　系统集成

6.5.1　系统架构

结合前人的研究成果，考虑到该系统自身的特点，我们分析了系统功能需求，根据需求分析设计了系统架构。

作为一个应急培训系统，其首要功能是对操作人员的培训，并能根据需要对培训过程进行记录和回放。采用基于虚拟现实技术的溢油应急培训系统应该具备基本的人员应急效果仿真，能够实现海上溢油应急设备的收放及交互，包含演习海域三维模型、海域环境信息等。同时，为了便于在培训中发现参演人员所采取应急措施的不足，应该具备演练回放和事故重演功能，能够为使用人员提供电子海图的基本操作功能。

（1）人员应急仿真培训

系统可以设置不同港口、不同气象条件、不同时段下溢油事故情景，逼真地显示海上溢油事故场景，操作人员的应急处理也能实时反映在系统场景中，实现良好交互过程。根据设置的不同情景，可以对参加溢油应急处理相关人员（应急中心指挥者、现场指挥者、现场各类操作者等）进行仿真培训。

（2）溢油应急设备的操作仿真

能够模拟不同海况下海上溢油应急设备，如围油栏、收油机、吸油毡等的布放与回收；海事搜救直升机、溢油喷洒装置等的操作。能够实现溢油操作设备之间的交互，如围油栏与海面溢油的交互、收油机与海面溢油的交互等。能够方便用户根据自己的需求增减溢油应急设备。

（3）基于S57的电子海图基本信息显示与操作

发生海上溢油事故时，首先搜集溢油的物理、化学性质资料，并了解该海域的环境敏感区分布状况，搜集实时和历史的气象海况水文资料，并将这些资料输入该系统中，并能够显示相应的环境信息，如风、流等信息，方便操作人员读取。系统配备电子海图，显示相关海域的电子海图信息，操作人员可进行海图浏览、信息查询、放大、缩小海图等操作，并且能够根据操作人员的需求显示感兴趣的内容，减少多余信息干扰。在应急演练过程中，可以根据参演人员的需要进行标记，如应急力量部署、人员动态、溢油回收进展等。还能够根据溢油回收进展情况预计所需的时间及所需的回收设备，给参演人员提供方便。

（4）演习训练回放和溢油事故重演

在人员应急仿真培训过程中，系统记录训练过程中的多种关键数据，输出保存到文件中，训练结束后，教练员可根据需要回放该次演习过程，系统运行中的各种动态参数实时计算并显示，方便教练员讲解分析整个训练过程，以达到更好的培训目的。

6.5.2 系统的主要模块

如图6.9所示为系统结构图，该系统主要由溢油应急控制台和溢油应急操作台两部分组成，两部分通过局域网进行连接。

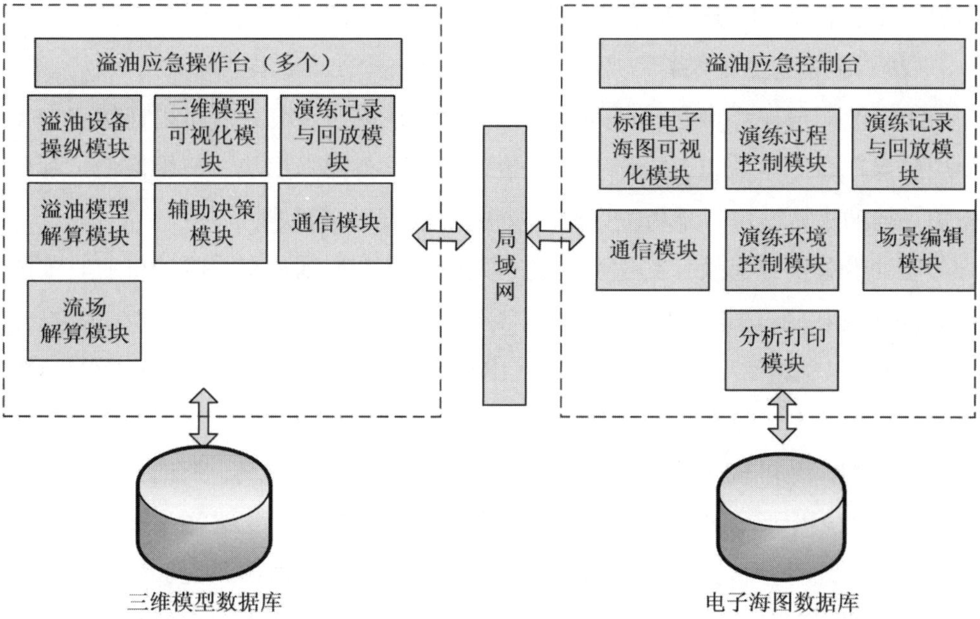

图6.9　海上溢油应急模拟系统结构图

（1）溢油应急控制台

溢油应急控制台主要负责对溢油应急过程进行控制和显示。主要包括标准电子海图显式模块、演练过程控制模块、演练记录与回放模块、通信模块、演练环境控制模块、场景编辑模块及演练结果分析打印模块等。

其中，应急过程控制模块主要负责控制演练过程，包括发送应急练习、应急开始、暂停及终止等。应急练习中的信息设置可以通过提前编辑好的练习文件进行设置，也可以在训练开始前进行手动设置，主要包括环境信息和应急相关信息，环境信息如风、流、浪等，应急信息包括溢油发生位置时间、溢油种类、溢油数量等。

标准电子海图可视化模块是基于S57标准的电子海图基本信息显示与操作的模块。通过标准的S57格式进行矢量电子海图的显式与操作，为溢油应急人员提供事故海域的环境信息，包括航道、水深、附近助航标记。同时可以叠加显式雷达及AIS信息，便于操作人员进行信息的获取。

演练记录与回放模块可以通过应急过程中输出的关键信息进行应急过程的

回放，便于后续总结分析应急操纵的经验教训，利于后续应急水平的提高。

（2） 溢油应急操作台

①溢油应急操作台是受训人员进行操纵的终端，一套系统可以连接多个溢油应急操作台。溢油应急操作台主要包括溢油设备操纵模块、三维模型可视化模块、辅助决策模块、流场解算模块及溢油模型解算模块等。

溢油设备操纵模块：其主要功能是人机交互，如围油栏、收油机、收油船等。溢油设备的操控是基于应急操作台，系统实现了二维控制台和三维操作台联动显式，参演人员在三维平台发出相应命令，二维控制台能够同时响应该命令。

②三维模型可视化模块：系统能够显示港口及近海建筑、根据数字高程模型生成的地貌地形、叠加遥感影像、各种三维船舶模型、三维溢油设备、相关海域三维海面等。该模块能更加真实地反映海上的真实海况，能够根据天气生成不同海况海面，产生更加逼真的效果。系统还采用了作者提出的基于纹理投影方法的海上溢油可视化新方法进行海面溢油的可视化。

③流场解算模块：流场解算采用第3章和第4章的方法进行。该模块的主要特点在于通过GPU加速实现基于物理的NS方程并行实时求解，不仅实现了基于物理的流场实时求解，还可以模拟流体与障碍物交互的效果，如溢油遇到障碍物绕流效果等。

④溢油模拟解算模块：主要采用第4章的多相流模型进行溢油的漂移扩散求解。对流模型采用具有二阶精度的积分平均格式进行求解。扩散模型采用拉普拉斯扩散模型，可以通过设置不同的扩散系数来控制扩散效果。

流场求解以及溢油模拟解算等都在溢油应急操作台端进行，计算完毕后将解算结果发送回应急控制台进行控制台显式更新。

6.5.3 溢油与海上障碍交互

本节以香港海域为例，溢油区域在维多利亚湾以东约6公里处。该区域是进入维多利亚港的必经之地，也是重要的航道所在。

实验中溢油模拟边界条件设置：矩形区域四周是采用压力开边界条件，与障碍交互设置为障碍不可穿透边界条件。具体实验参数见表6.1所列，其中刚度系数是围油栏质点-弹簧模型中的弹簧刚度系数，阻尼系数为阻尼器参数。

表6.1　模拟中实验参数

计算区域边界条件	压力开边界条件	围油栏边界条件	固壁不可穿透条件
溢油密度	800 kg/m³	溢油黏度	0.003 Pas
时间步长	0.03 s	网格分辨率	512^2
围油栏段数	50	每段长度	5 m
弹簧刚度系数	500 N/m	弹簧阻尼系数	10 N/m

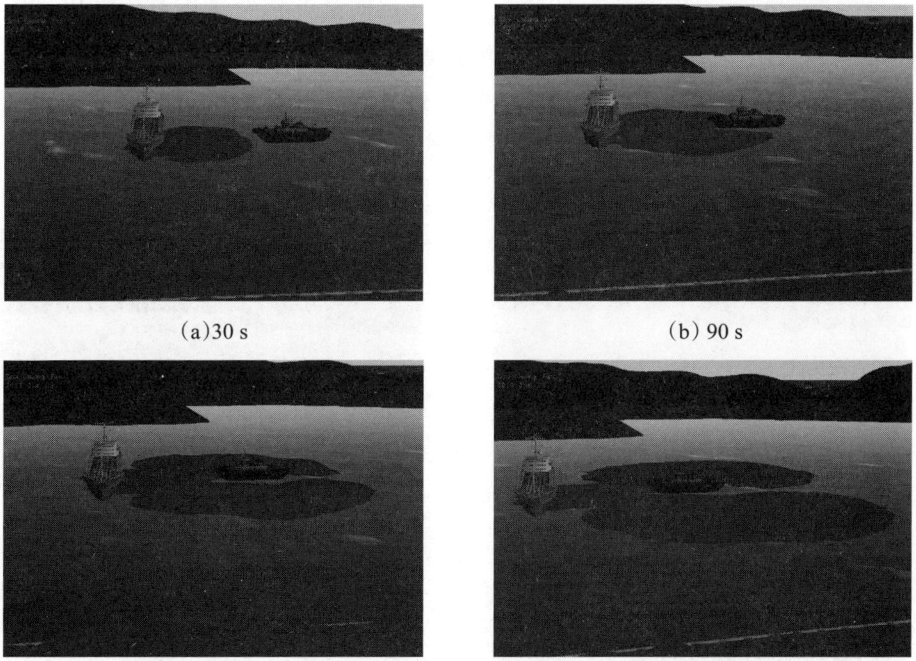

(a)30 s　(b) 90 s　(c) 210 s　(d) 330 s

图6.10　溢油与障碍交互模拟结果截图

溢油与障碍物交互模拟如图 6.10 所示，图中左侧为一艘发生溢油事故的油轮，右侧为一艘停止的拖轮。该实验的目的是模拟油轮溢油与该拖轮交互后油膜变化的过程，而与围油栏交互在6.5.4小节中进行阐述。图 6.10 中，（a）为30s 时的溢油结果，此时溢油还未接到达拖轮所在区域；图（b）至图（d）为溢油与拖轮接触后的效果，其中图（b）中溢油刚到达船体位置，图（c）和图

(d) 中溢油已经绕过船体。从该结果中可以看出，该方法反映了溢油经过障碍物时的绕流效果，体现了溢油与障碍物交互的效果。

6.5.4 海上溢油与围油栏交互

溢油与围油栏交互是模拟溢油事故发生后，采用围油栏对溢油区域进行围控的过程。该模拟的目的在于验证基于物理方法的海上溢油与围油栏交互模拟过程，包括溢油自身运动的过程及溢油与围油栏之间交互的过程。其中围油栏采用5.4小节中的质点-弹簧模型进行驱动，相关参数设置见表 6.1 所列。

当模拟开始时，围油栏在拖轮拖带下开始向溢油拖轮靠近，溢油以一定速度向外泄漏。由于基于NS方程的流场计算区域相对较小（512 m×512 m），因此假设模拟海域内潮流场及风场都为均匀场，在实际使用中可以根据用户的需求在配置文件中进行设定。

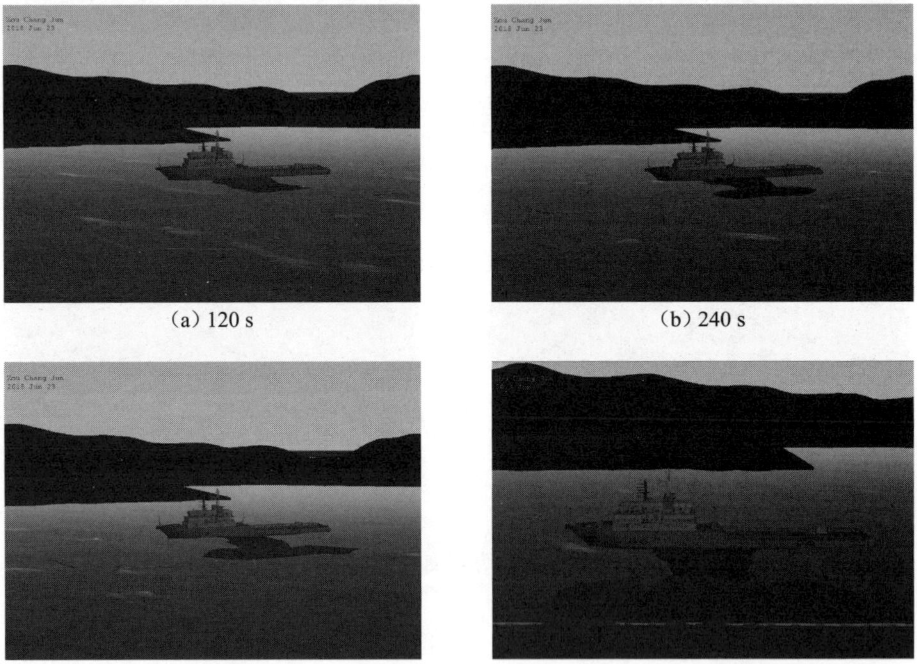

(a) 120 s　(b) 240 s　(c) 360 s　(d) 480 s

图6.11　溢油与围油栏交互结果

如图 6.11 所示，图（a）中间位置为发生溢油事故的多用途工作船，左舷附近为布放的围油栏。溢油发生后，溢油本身具有一定的初始速度，初始速度为朝向左舷方向0.1 m/s；图（b）为溢油刚与围油栏接触时的渲染结果；图（c）和图（d）为溢油与围油栏接触后，溢油与围油栏交互的结果。从图（b）可以看出，当溢油与围油栏接触后，溢油被成功阻止。从图（c）可以看出，在围油栏的围控作用下，溢油开始朝与围油栏接触位置附近的两端扩散。从图（d）可以看出，由于溢油具有一定的初始速度，在围油栏的影响下，围油栏附近流场发生了改变。在溢油与围油栏接触位置附近，形成了两个反向的涡，而溢油在该流场的作用下也出现反转和卷曲，该效果在图6.12的（c）图和（d）图中更为明显。从以上结果可以看出，围油栏成功阻止了溢油的扩散，并且在围油栏影响下，围油栏附近流场也发生了改变，反映了溢油与围油栏交互的效果。

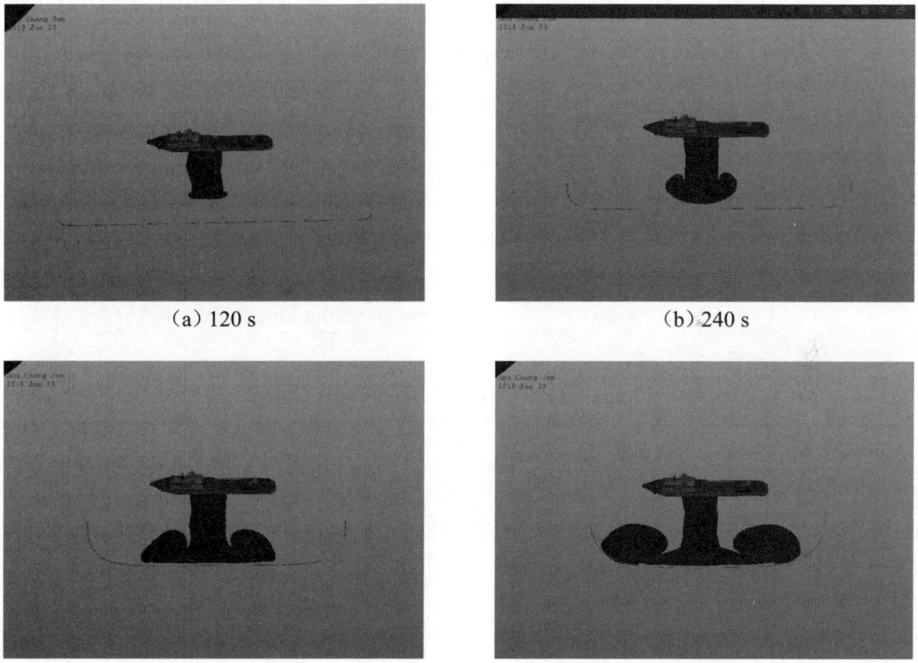

(a) 120 s　　(b) 240 s

(c) 360 s　　(d) 960 s

图6.12　溢油与围油栏交互俯视图

图6.12为主要时刻结果俯视图，从图（c）和图（d）可以更清晰地看到围油栏对海上溢油的围控效果。

6.5.5 模拟结果及分析

对实时系统而言，系统运行帧率需达到25帧/秒以上，也就是说每帧的时间消耗必须小于等于0.04 s。从表 5.1 和表 5.3 可以看出，对于512^2网格分辨率而言，NS方程并行求解所需时间为0.0269 s，50个顶点的围油栏SDF更新需要0.0388 s，两者时间消耗为0.0657 s，大于0.04 s。也就是说，如果直接采用上述方法进行溢油模拟及交互是无法满足实时系统的帧率要求。但是经过分析发现，实际的海上围油栏运动速度非常缓慢，这意味着围油栏SDF变化是很缓慢的，因此没有必要每帧都进行SDF更新。由于更新一次SDF需要消耗0.0388 s，因此如果每4帧更新一次，以每秒25帧计算的话，则SDF更新时间为0.0388*6=0.233 s（每秒更新约6次），则平均每帧SDF更新消耗时间为0.194/25=0.009 s，在这种情况下，平均每帧NS方程求解时间以及SDF更新时间之和是小于0.04 s的，可以满足实时系统对帧率的要求。

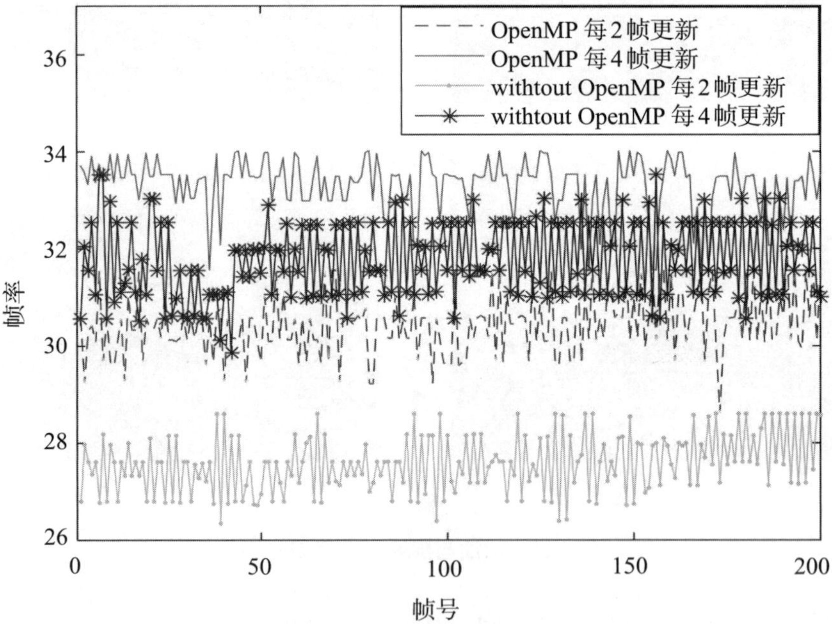

图6.13 是否采用OpenMP系统运行帧率对比

为验证该方法的可靠性，进行了一组实验，网格分辨率为512^2，围油栏顶点数50。图 6.13和表 6.2为系统运行帧率，从中可以看出：对于每2帧更新一次SDF情况而言，系统运行帧率在27帧/秒左右，通过OpenMP加速后帧率能够达到30帧。如果每4帧更新一次SDF，则帧率为31帧/秒，OpenMP加速后能够达到33帧/秒，且运行稳定，可以满足实时系统性能要求。

表6.2 系统运行平均帧率（帧/秒）

SDF更新频率	采用OpenMP	不采用OpenMP	加速比
每两帧更新	30.45	27.59	1.10
每四帧更新	33.31	31.78	1.05

6.6 小结

为了解决实时系统中海面溢油交互模拟及可视化问题，本章分别从三个方面进行了并行加速研究。首先是基于GPU加速的NS方程的并行求解研究，由于NS方程是基于物理的海上溢油模拟基础，也是整个模拟过程中消耗时间较多的过程之一。经过GPU加速之后，512^2网格分辨率下的NS方程求解时间为0.0269 s。另外，针对交互过程中边界障碍处理问题，提出了基于SDF方法的并行边界障碍离散处理及交互方法，该方法与基于CPU障碍交互方法相比具有非常明显的加速效果，这也是基于物理的实时海面溢油交互过程的核心之一。此外，针对海面溢油可视化问题，提出了基于纹理投影的海面溢油可视化方法，该方法同样充分利用了GPU的并行加速能力。

同时，为了验证该方法在实际系统中的应用问题，搭建了基于物理的海上溢油应急模拟原型系统。该系统可以模拟海上溢油应急的主要过程，包括海上溢油模拟、海上溢油与溢油应急设备的交互过程。实验结果表明，本书提出的方法可以应用于实时应急系统中进行基于物理的海上溢油过程模拟。

第7章 总结与展望

7.1 总结

为应对严峻的海上溢油威胁，提升海上溢油应急能力建设，本书提出将基于物理过程的流体模拟方法与海上应急模拟技术进行结合，搭建基于物理的海上溢油应急模拟系统。通过两者的结合可以提升海上溢油应急培训效率、节省溢油应急培训成本。主要工作总结如下。

（1）针对传统NBFLIP方法不能处理移动障碍交互的问题，提出基于NB-FLIP方法的流体模拟及移动障碍交互方法，该方法结合了基于网格的欧拉方法和基于粒子的拉格朗日方法的优点。流体与障碍交互是流体模拟研究的重要问题之一，在计算机图形学领域，众多丰富有趣的流体现象往往是与障碍交互有关的。海上溢油运动受到流场影响，因此有必要研究基于NS方程的流体模拟来获取即时的流场。在进行流体模拟时，由于在表面重建的过程中，部分粒子对流体表面重建并没有贡献。而NBFLIP方法通过在窄带区域中进行重采样，其主要目的在于减少窄带区域以外的粒子，进而实现降低粒子总数以提升整体计算效率的目的。通过实验发现，与FLIP方法相比，NBFLIP方法粒子总量减少了86%，平均每帧运行时间减少36.1%，由此可以看出该方法是有效的。

（2）由于海上溢油模拟涉及不同相流体之间的交互，针对NBFLIP方法不能处理多相流模拟问题，提出了NBFLIP-VOF多相流模拟方法。在NBFLIP方法的基础上，结合VOF多相流模型进行海上溢油模拟和界面追踪。其中VOF模型方程采用带有限制器的TVD高精度数值格式进行求解，通过该方法实现了海上溢油与围油栏交互模拟。海上溢油应急以海上溢油模拟为核心，考虑对流输运和扩散运动，并结合基于积分平均格式的VOF多相流模型进行溢油模拟。这部分内容也是基于物理的海上溢油模拟的重要组成部分。

为验证本书提出方法的可靠性，进行了多组模拟验证，如剪切流场中多相流模拟、多相流R-T不稳定性模拟、基于多相流方法的溢油与围油栏交互模拟以及波浪场中溢油模拟等验证。与前人实验结果或前人模拟结果相比，该方法取得了较为相近的结果，充分说明了该方法的可靠性。

（3） 提出基于物理的实时海上溢油模拟及交互方法。在基于物理的海上溢油模拟过程中，对其中关键的耗时问题进行了GPU并行加速。如针对实时系统中NS方程求解问题提出了基于GPU加速的NS方程并行求解方法，通过加速后NS方程并行求解满足了实时系统最低25帧/秒的帧率要求。针对流体模拟与复杂障碍交互问题，提出基于SDF方法的障碍离散方法，并通过GPU加速实现复杂障碍并行离散。针对海上溢油可视化问题，提出了基于纹理投影方法的海面溢油可视化新方法。该方法不仅适用于静态表面，也适用于动态变化的表面，如不规则动态海面等。同时，由于受到纹理分辨率的限制，在纹理投影后其边界附近可能会出现锯齿效应，提出通过高斯滤波方法进行平滑改善。

（4）提出并实现了基于物理的实时海上溢油模拟及交互方法，该系统通过GPU加速实现流体与复杂障碍实时交互，基于GPU的纹理投影算法实现海上溢油可视化，基于GPU的NS方程并行求解实现物理的实时海上溢油模拟，最后通过搭建的原型系统验证了该方法的可靠性。通过多个基准算例验证该方法的可靠性，验证结果表明该方法可在海上应急模拟中应用于海上实时溢油交互模拟。

7.2　不足和展望

本书的主要研究集中于基于物理的流体交互模拟及其并行加速。从研究结果可以发现，基于物理的方法具有非常多的优势，其模拟结果更加接近真实情况，可以模拟更加复杂的场景。与基于几何的方法[73]相比，基于物理的方法更加灵活，结果更加可信。但是也可以看到，由于基于物理的模拟涉及复杂的数值计算，涉及偏微分方程的数值求解、数值格式的相容性、收敛性和稳定性等内容，学习周期长，入门困难。

我们还注意到，由于基于物理的流体模拟涉及复杂的数值计算，即便是采用GPU进行并行加速，其加速比依然有限。该方法是在适当降低了围油栏SDF的更新频率前提下实现的实时交互模拟。虽然这种处理有一定的依据，但也存在溢油从围油栏泄漏的可能。虽然本书对NS方程的数值计算、流体与障碍交互及海面溢油可视化都实现了基于GPU的并行加速，但从实验结果来看，如果要想实现更高分辨率的实时模拟依然存在着非常大的挑战。因此，在保证模拟效果的前提下，寻找更为高效的模拟方法是非常有必要的。

（1）主要模拟中小尺度范围海上溢油，并且受到实时性条件的约束，因此仅考虑均匀风场和均匀流场情形。在未来可以考虑对风场及潮流场进行更为精细的建模，进一步考虑风浪等因素对海上溢油的影响。

（2）海上溢油应急设备多种多样，目前仅考虑了围油栏与海面溢油的交互。未来可以考虑更多溢油设备与海面溢油的交互，比如收油机、收油船和吸油毡等对海面溢油行为的影响，进一步丰富海上溢油应急交互模拟的应用范围。

（3）本书虽然搭建了一个海上溢油应急模拟原型系统对关键算法进行了验证，但是还需要从工程实用化的角度对其进行完善，诸如更多种类应急设备交互的实现、人机交互界面的完善及系统程序架构的优化等。

参 考 文 献

[1] 赵文芳. 海上溢油污染的危害与防治措施[J]. 安全、健康和环境，2006. 26(9)：25-26.

[2] 孟伟，王伟. 美国墨西哥湾原油泄漏事故回顾[J]. 劳动保护，2016(7)：72-75.

[3] 费珊珊. 2017年油轮溢油事故数据统计[J]. 国际海事公约研究，2018. 77(2)：24-31.

[4] ITOPF. Oil Tanker Spill Statistics 2017[EB/OL].（2018）2018-07-12.http：//www.itopf.com/ knowledge- resources/documents-guides/document/oil-tanker-spill-statistics-2013.

[5] International Maritime Organization. International Convention for the Prevention of Pollution from Ships，1973 as modified by the Protocol of 1978[EB/OL]. [2018-05-15]. http：// www. marpoltraining.com/MMSKOREAN/MARPOL/Annex_I.

[6] 中国船级社. 船上海洋污染应急计划编写指南[EB/OL]. [2018-05-15].http：//www.doc88.com/ p-6784708725898.html.

[7] 国家重大海上溢油应急处置部际联席会议. 国家重大海上溢油应急处置预案[EB/OL]. [2018-05-15].http：//zizhan.mot.gov.cn/sj/zhongguohshsjzhx/zhengce-gd_sjzhx/ 201803 /t20180316_ 3000339.html.

[8] Det Norske Veritas（DNV）.Standards for Cerfication No.2.14 Maritime Simulator Systems[M]. Oslo：Det Norske Veritas，2011.

[9] International Maritime Organization(IMO).The Manila Amendments to the International Convention on Standards of Training, Certification and Watchkeeping for Seafares, 1978[M].London: IMO, 2010.

[10] 梅玉龙. 应急演练计算机三维模拟系统研究[J]. 中国安全生产科学技术, 2012. 8(4): 92-97.

[11] 余枫. 海上搜救模拟其中近海溢油的实时仿真与可视化[D]:(博士学位论文). 大连:大连海事大学,2010.

[12] Chen X, Yu F, Zou CJ, et al. Research of 3D Oil Spill Response Drill System. Aquatic Procedia [J], 2015. 2015(3): 15-20.

[13] ASCE, State-of-the-Art Review of Modeling Transport and Fate of Oil Spills[J]. Journal of Hydraulic Engineering, 1996: 594-609.

[14] Yu F., Yin Y. Simulation and 3D Visualization of Oil Spill on the Sea[C].Proceedings of IEEE International Symposium on Virtual Reality Innovation, 2011 (2011): 213-216.

[15] Blokker P C. Spreading and Evaporation of Petroleum Products on Water[C]. Proceedings of 4th Internal Harbour Congress. 1964.

[16] Fay, JA. The Spread of Oil Slicks on a Calm Sea[J]. Oil on the Sea, 1969: 53-64.

[17] Fay, JA. Physical Processes in the Spread of Oil on a Water Surface[J]. Physical-Biological Effects, 1971: 463-470.

[18] Mackay, D A. A Mathematical Model of Oil Spill Behaviour[J]. Environment Canada, 1980, 1-12.

[19] Sundaram. Spread of Oil Slicks on a Natural Body of Water[J]. Journal of Hydronaut, 1980. 14(4): 124-127.

[20] Lehr WJ, Cekirge H M, Fraga R J, et al. Empirical Studies of the Spreading of Oil Spills[J]. Oil & Petrochemical Pollution, 1984, 2(1):7-11.

[21] Lehr WJ. Simecek B. The Relation of Longmuir Circulation Processes to the Standard Oil Spill Spreading, Dispersion, and Transport Algorithms[J]. Spill Science and Technology Bulletin, 2000: 247-253.

[22] Lehr W D, Lardner. Oil Spill Simulation from the Margin Offshore Oil Field [C]. Proceedings of International Oil Spill Conference. 2005.

[23] Liu S, Leendertse J. A Modeling System for Coastal Oil Spill Risk Analysis [J]. Coastal Engineering, 1989, 59-71.

[24] 武周虎,赵文谦. 海面溢油扩展、离散、和迁移组合模型[J].海洋环境科学, 1992,11(3):33-40.

[25] Nez R. Flores T. Computer Modeling of Oil Spill Trajectories with a High Accuracy Method[J]. Spill Science &Technology Bulletin, 1999, 5(5-6):323-330.

[26] Dominicis M D, Pinardi N, Zodiatis G, et al. MEDSLIK-II, a Lagrangian Marine Surface Oil Spill Model for Short-Term Forecasting – Part 2: Numerical Simulations and Validations[J]. Geoscientific Model Development, 2013. 6(6): 1871-1888.

[27] Dominicis M D, Pinardi N, Zodiatis G, et al. MEDSLIK-II, a Lagrangian Marine Surface Oil Spill Model for Short-Term Forecasting – Part 1: Theory[J]. Geoscientific Model Development, 2013. 6(6): 1851-1869.

[28] Dominicis M D, Pinardi N, Bruciaferri D, et al. Numerical Modelling for Real-Time Forecasting of Marine Oil Pollution and Hazard Assessment[J]. Egu General Assembly, 2015. 2015(17): 57 – 93.

[29] Goeury C, Hervouet J M, Baudinbizien I, et al. A Lagrangian/Eulerian Oil Spill Model for Continental Waters[J]. Journal of Hydraulic Research, 2014. 52 (1): 36-48.

[30] Chao X, Shankar H F, Cheong. Two- and Three-Dimensional Oil Spill Model for Coastal Waters. Ocean Engineering[J], 2001. 28(12): 1557-1573.

[31] Tkalich P, Huda K Y, Hoong G. A Multiphase Oil Spill Model. Journal of Hydraulic Research[J],2003. 41(2): 115-125.

[32] Tkalich P. A CFD Solution of Oil Spill Problems[J]. Environmental Modeling & Software,2006. 21(2): 271-282.

[33] Nazir M, Khan F, Amyotte P, et al. Multimedia Fate of Oil Spills in a Marine Environment—an Integrated Modelling Approach. Process Safety and Environmental Protection[J],2008. 86(2): 141-148.

[34] Azevedo A, Oliveira A, Fortunato A B, et al. A cross-scale numerical modeling system for management support of oil spill accidents[J]. Marine Pollution Bulletin, 2014, 80(1-2):132-147.

[35] Guo WJ, Wang Y X. A Numerical Oil Spill Model Based On a Hybrid Method. Marine Pollution Bulletin[J],2009. 58(5): 726-734.

[36] Guo WJ, Hao Y, Zhang L, et al. Development and Application of an Oil Spill Model with Wave - Current Interactions in Coastal Areas. Marine Pollution Bulletin[J],2014. 84(1-2): 213-224.

[37] Wang J H, Zhang J. An Integrated Modeling Approach for Simulating Oil Spill at the Strait of Bohai Sea[J]. Coastal Engineering Proceedings, 2012. 33(1): 1-12.

[38] Mao Z Y, Zhao X F, Jiang C B. Numerical Simulation of Water Quality in Tidal River Network under the Action of Unsteady Saline Water Intrusion[J]. Journal of Hydraulic Engineering, 2009, 40(5):520-528.

[39] Li T, Li S. Numerical Simulation of Fate of Oil Spill in Tidal River-network[J]. Acta Scientiae Circumstantiae, 2012, 32(6):1424-1435.

[40] Jiang T, Zhong M, Cao Y J, et al. Simulation of Water Quality under Different Reservoir Regulation Scenarios in the Tidal River[J]. Water Resources Management, 2016, 30(10):3593-3607.

[41] Xiao M, Weia L I, Lin J, et al. Numerical Simulation of Oil Spill Trajectory and Velocity for Wrecked Ship[J]. Journal of Dalian Maritime University, 2010, 36(4):121-124.

[42] Mohammad T T, Amdahl J R, Leira B. Analytical and Numerical Modelling of Oil Spill from a Side Tank with Collision Damage[J]. Ships & Offshore Structures, 2012, 7(1):73-86.

[43] Zhang J N, Liang X, Li W. Numerical Simulation of Ship Oil Spill under Ocean Environment[J]. Applied Mechanics & Materials, 2012, 121-126:2814-2818.

[44] Chen H, An W, You Y, et al. Numerical Study of Underwater Fate of oil Spilled from Deepwater Blowout[J]. Ocean Engineering, 2015, 110:227-243.

[45] Duan G, Chen B, Zhang X, et al. A Multiphase MPS Solver for Modeling Multi-fluid Interaction with Free Surface and its Application in Oil Spill[J]. Computer Methods in Applied Mechanics & Engineering, 2017, 320,133-161.

[46] 孙添虎. 网—栅结构围油栏拦油特性数值模拟[D]:(硕士学位论文).大连:大连海事大学, 2011.

[47] Violeau D, Buvat C, Abed-Meraim K, et al. Numerical Modelling of Boom and Oil Spill with SPH [J]. Coastal Engineering, 2007, 54(12):895-913.

[48] Amini A, Schleiss A J. Numerical Modeling Of Oil-Water Multiphase Flow Contained By An Oil Spill Barrier[J]. Engineering Applications of Computational Fluid Mechanics, 2009, 3(2):207-219.

[49] 封星. 围油栏拦油数值实验平台及拦油失效研究[D]:(博士学位论文).大连:大连海事大学, 2011.

[50] Yang X F, Liu M B. Numerical Modeling of Oil spill Containment by Boom Using SPH[J]. Science China(Physics, Mechanics & Astronomy), 2013, 56(2):315-321.

[51] 戴明权，郑学林. 基于FLUENT网-栅结构围油栏拦油特性数值实验[J]. 船舶与海洋工程，2014(4)：28-30.

[52] 张炎炎. 基于流固耦合的围油栏拦油效果研究[D]：(硕士学位论文).大连：大连海事大学，2016.

[53] Hoult P.D. Oil Spreading On the Sea[J]. Annual Review of Fluid Mechanics，1972：341-368.

[54] Williams J. Predicting the Fate of Oil in the Marine Environment[J]. OECD Publications and Information Center，1975. 8(1)：567-570.

[55] Miller D，Stolzenback K. A Review and Evaluation of Basic Techniques Predicting the Behavior of Surface Oil Slicks[J]. Mathemathical Models，1977，MIT. 20-30.

[56] 万肇忠，黄礼贤，张观希. 石油在海洋中的扩散[J]. 环境工程学报，1982. 3(1)：7-12.

[57] Weber J E. Steady Wind- and Wave-Induced Currents in the Open Ocean[J]. Journal of Physical Oceanography，1983，13：3(3)：524-530.

[58] Youssef M，Spaulding M. Drift Current Under the Action of Wind and Waves[C]. Proceedings of the 16th Arctic and Marine Oil Spill Tech. 1993：Ottawa，Canada，103-124.

[59] 庄学强，陈坚，孙倩. 海面溢油数值模拟及其可视化实现技术[J]. 中国航海，2007. 70(1)：97-100.

[60] 李大鸣等. 渤海海洋溢油的数学模型[J]. 天津大学学报(自然科学与工程技术版)，2012. 45(1)：50-57.

[61] 刘彦呈，殷佩海，林建国，等. 基于GIS的海上溢油扩散和漂移的预测研究[J]. 大连海事大学学报，2002. 28(3)：41-44.

[62] 刘彦呈，殷佩海，林建国等. 海上溢油基于GIS流场计算贴体坐标网格自动生成方法与技术研究[J]. 海洋环境科学，2003. 22(3)：63-67.

[63] 熊德琪，杨建立，严世强，等. 珠江口区域海上溢油应急预报信息系统的开发研究[J]. 海洋环境科学，2005，24(2)：63-66.

[64] Delgado L，Kumzerova E，Martynov M，et al. Dynamic Simulation of Marine Oil Spills and Response Operations[J]. Wit Transactions on the Built Environment，2005，78：123-133.

[65] Delgado L，Kumzerova E，Martynov M. Simulation of Oil Spill Behaviour and Response Operations in PISCES[J]. Coastal Environment，2006：279-292.

[66] Perkovic M，Sitkov A. Oil Spill Modeling and Combat[C].Proceedings of the 12th International Congress of the International Maritime Association of the Mediterranean，IMAM 2007，2：1161 – 1169

[67] 余枫，尹勇. 基于物理模型的海上溢油实时可视化仿真[J]. 系统仿真学报，2008. 2008(s1)：313-315.

[68] 余枫，尹勇. 海上溢油应急处理的仿真和三维可视化[J]. 中国航海，2011. 34(1)：72-75.

[69] 任鸿翔，金一丞，尹勇. 航海模拟器中海面溢油的三维可视化研究[J]. 系统仿真学报，2009. 21(1)：161-165.

[70] 吕憧憬，田丰林，李勃，等. 海上溢油可视化信息系统的设计与实现[J]. 地理空间信息，2012. 22(5)：21-23.

[71] 荣占东.海洋溢油模拟信息系统的设计与实现[D]：(硕士学位论文).青岛：中国海洋大学，2013.

[72] 李久松.基于i4Ocean平台的海上溢油动态可视化及应急决策支持系统的研究与设计[D] ：(硕士学位论文).青岛：中国海洋大学，2013.

[73] Zou C J，Yin Y，Liu X，et al. Visualization of Oil Spill at Sea Surface Based on Texture Projection[J]. International Journal of Modeling Simulation & Scientific Computing，2017，8(2)：1-15.

[74] 邹长军，尹勇，刘秀文，等. 海面溢油可视化新方法的研究与实现[J]. 重庆交通大学学报(自然科学版)，2017，36(6)：103-108.

[75] 邹长军，尹勇，刘秀文，等.海上溢油应急三维演练系统的研究与实现[J].系统仿真学报，2018，30(3)：906-913.

[76] 邹长军，尹勇，刘秀文，等.海面溢油可视化关键技术研究[J].系统仿真学报，2018，30(6)：2109-2116.

[77] Darwyn R，Peachey. Modeling Waves and Surf[J]. Computer Graphics，1986，20(4)：65-74.

[78] Wojtan C，Gross M，Turk G. A Multiscale Approach to Mesh-based Surface Tension flows[C]. Proceedings of ACM SIGGRAPH. ACM，2010：48.

[79] Roland A，Nils T，Mario B，et al. Robust and Efficient Wave Simulations on Deforming Meshes[C]. Proceedings Computer Graphics Forum，27 (7)：1895 - 1900.

[80] Tessendorf J. Interactive Water Surfaces. In Game Programming Gems 4. Charles River Media，2004.

[81] Tessendorf J. Simulating Ocean Water[C]. Proceedings of ACM SIGGRAPH Courses，2004.

[82] Carlson D. Wave Displacement Effects for Surf's Up[C]. Proceedings of ACM SIGGRAPH 2007 Sketches，New York，NY，USA，2007.

[83] Kass M，Miller G. Rapid，Stable Fluid Dynamics for Computer Graphics[J]. Acm Siggraph Computer Graphics，1990，24(4)：49-57.

[84] Casulli V，Cheng R T. Semi - implicit Finite Difference Methods for Three - dimensional Shallow Water Flow[J]. International Journal for Numerical Methods in Fluids，1992，15(6)：629-648.

[85] Casulli V，Cattani E. Stability，Accuracy and Efficiency of a Semi-implicit Method for Three-dimensional Shallow Water Flow[J]. Computers & Mathematics with Applications，1994，27(4)：99-112.

[86] Balzano A. Evaluation of Methods for Numerical Simulation of Wetting and Drying in Shallow Water Flow Models[J]. Coastal Engineering, 1998, 34(1-2):83-107.

[87] Murillo J, García-Navarro P, Burguete J. Analysis of a Second - order Upwind Method for the Simulation of Solute Transport in 2D Shallow Water flow[J]. International Journal for Numerical Methods in Fluids, 2008, 56(6):661-686.

[88] Thommes G, Seaid M, Banda M K. Lattice Boltzmann Methods for Shallow Water Flow Applications[J]. International Journal for Numerical Methods in Fluids, 2007, 55(7):673-692.

[89] Wang Z L, Geng Y F, Sheng J. Numerical Modeling of 2-D Shallow Water Flow with Complicated Geometry and Topography[J]. Journal of Hydraulic Engineering, 2005, 36(4):0439-0444.

[90] Manuel J C, Ortega S, Asunción M D, et al. GPU Computing for Shallow Water Flow Simulation Based on Finite Volume Schemes[J]. Comptes rendus - Mécanique, 2011, 339(2):165-184.

[91] Kleefsman K M, Fekken G, Iwanowski B, et al. A Volume-of-Fluid Based Simulation Method for Wave Impact Problems[J]. Journal of Computational Physics, 2005, 206(1):363-393.

[92] Kass M. Height-field Fluids for Computer Graphics[C]. Proceedings of Winter IEEE Simulation Conference, 1991, 1991:1194-1198.

[93] Miklós B. Real-Time Fluid Simulation Using Height Fields [D]:(Master's degree thesis). Eidgenössische Technische Hochschule Zürich, Swiss, 2004.

[94] Quan H, Song X, Yu M, et al. 3D Fluid Scene Synthesis and Animation[C].Proceeding of ACM SIGGRAPH International Conference on Virtual-Reality Continuum and ITS Applications in Industry. ACM, 2014:219-222.

[95] Wen J, Li H L, Luan L, et al. Mass-Spring Model Used to Simulate the Sloshing of Fluid in the Container Under the Earthquake[J]. Annual Report for China Institute of Atomic Energy, 2005, 275(1):6-7.

[96] Li N, Han Z. Combined Mass-spring Model Used to Simulate Sloshing of Fluid in CEFR Sodium Storage Tank [J]. Atomic Energy Science and technology, 2015, 49(9), 101-109.

[97] Foster N, Metaxas D. Controlling fluid animation[C]. Proceedings of the Conference on Computer Graphics Inter-national. Washington D C: IEEE Computer Society Press, 1997: 178-188

[98] Stam J. Stable fluids[C].Proceedings of Computer Graphics Annual Conference Series, ACM SIGGRAPH. New York: ACM Press, 1999: 121-128.

[99] Monaghan J. Simulating Free Surface Flows with SPH[J]. Journal of Computational Physics, 1994. 110(2): 399-406.

[100] Charypar D, Gross M. Particle-based Fluid Simulation for Interactive Applications[C]. Proceedings of ACM Siggraph/eurographics Symposium on Computer Animation. Eurographics Association, 2003:154-159.

[101] Müller M, Solenthaler B, Keiser R, et al. Particle-based Fluid-fluid Interaction [C]. Proceedings of the Acm Siggraph/eurographics Symp.on Comput.anim, 2005:237-244.

[102] Birdsall C K. Particle-in-Cell Charged Particle Simulations, plus Monte Carlo Collisions with Neutral Atoms, PIC-MCC[C]. Proceedings of Current Research on Fusion, Laboratory and Astrophysical Plasmas. Current Research on Fusion, Laboratory and Astrophysical Plasmas, 1993.

[103] Brackbill J U, Kothe D B, Ruppel H M. FLIP: a Low-dissipation, Particle-in-cell Method for Fluid Flow [J]. Computer Physics Communications, 1988, 48(1): 25-38.

[104] Boyd L, Bridson R. MultiFLIP for energetic two-phase fluid simulation [J]. ACM Transactions on Graphics, 2012: 31(2): 1-12.

[105] Ferstl F, Ando R, Wojtan C, et al. Narrow Band FLIP for Liquid Simulations [J]. Computer Graphics Forum, 2016, 35(2): 225-232.

[106] Stam J. A Simple Fluid Solver Based on the FFT [J]. Journal of Graphics Tools, 2001, 6(2):43-52.

[107] Perlin K. An Image Synthesizer[J].ACM Computer Graphics. 1985, 19(3): 287-296.

[108] Cheng W C, Lin W C, Huang Y J. Controllable and Real-Time Reproducible Perlin Noise[C].Proceedings of International Symposium on Smart Graphics. Springer, Cham, 2014:86-97.

[109] Cook R L, Derose T. Wavelet noise [J]. ACM Transactions on Graphics, 2005, 24(3):803-811.

[110] Kim T, Rey N, James D, et al. Wavelet turbulence for fluid simulation[J]. ACM Transactions on Graphics, 2008, 27(3):1-6.

[111] Kai S, Vasilyev O V. Wavelet Methods in Computational Fluid Dynamics [J]. Annual Review of Fluid Mechanics, 2014, 42(42):473-503.

[112] Selle A, Rasmussen N, Fedkiw R. A Vortex Particle Method for Smoke, Water and Explosions[J]. ACM Transactions on Graphics, 2005:910-914.

[113] He S, Lau R W H. Synthetic Controllable Turbulence Using Robust Second Vorticity Confinement[J]. Computer Graphics Forum, 2013, 32(1):27 - 35.

[114] Jeong S H, Solenthaler B, Pollefeys M, et al. Data-driven Fluid Simulations Using Regression Forests [J]. ACM Transactions on Graphics, 2015, 34(6): 199.

[115] Yang C, Yang X, Xiao X. Data-driven Projection Method in Fluid Simulation [M]. John Wiley and Sons Ltd. 2016.

[116] Chu M，Thuerey N. Data-Driven Synthesis of Smoke Flows with CNN-based Feature Descriptors [J]. 2017，36(4)：1-10.

[117] 郭烈锦. 两相与多相流动力学[M]. 西安：西安交通大学出版社，2002.

[118] Fedkiw R，Stam J，Jensen H W. Visual Simulation of Smoke[C]. Proceedings of the 28th Annual Conference on Computer Graphics and Interactive Techniques. New York：ACM Press，2001：15-22.

[119] Enright D，Marschner S，Fedkiw R. Animation and Rendering of Complex Water Surfaces[C]. Proceedings of the 29th Annual Conference on Computer Graphics and Interactive Techniques. New York：ACM Press，2002：736-744.

[120] Bao K，Wu X L，Zhang H，et al. Volume Fraction Based Miscible and Immiscible Fluid Animation[J]. Computer Animation & Virtual Worlds，2010，21(3/4)：401-410.

[121] Chen J X，Lobo N D V. Toward Interactive-Rate Simulation of Fluids with Moving Obstacles Using Navier-Stokes Equations[J]. Graphical Models & Image Processing，1995，57(2)：107-116.

[122] Carlson T. Rigid，Melting，and Flowing Fluid [D]：(Doctoral Thesis). Georgia Institute of Technology，2004.

[123] Guendelman E，Selle A，Losasso F，et al. Coupling Water and Smoke to Thin Deformable and Rigid Shells[J]. ACM Transactions on Graphics，2005，24(3)：973-981.

[124] Chentanez N，Goktekin T G，Feldman B E，et al. Simultaneous Coupling of Fluids and Deformable Bodies[C]. Proceedings of ACM SIGGRAPH 2006 Sketches. ACM，2006：65.

[125] Batty C，Bertails F，Bridson R. A Fast Variational Framework for Accurate Solid-Fluid Coupling [J]. Acm Transactions on Graphics，2007，26(3)：100.

[126] Robinson M A，Shinar T，Gretarsson J，et al. Two-way Coupling of Fluids to

Rigid and Deformable Solids and Shells [J]. ACM Transactions on Graphics, 2008, 27(3):1-9.

[127] Levin D I, Litven J, Jones G L, et al. Eulerian Solid Simulation with Contact [J]. ACM Transactions on Graphics, 2011, 30(4):1-10.

[128] Fan Y, Litven J, Levin D I W, et al. Eulerian-on-lagrangian Simulation [J]. ACM Transactions on Graphics, 2013, 32(3):22.

[129] Teng Y, Levin D I W, Kim T. Eulerian solid-fluid coupling [J]. ACM Transactions on Graphics, 2016, 35(6):200.

[130] Lu W, Jin N, Fedkiw R. Two-way Coupling of Fluids to Reduced Deformable Bodies[C].Proceedings of ACM Siggraph/eurographics Symposium on Computer Animation. Eurographics Association, 2016:67-76.

[131] 安德森,约翰·大卫·计算流体动力学:基础与应用 [M]. 北京: 清华大学出版社, 2002.

[132] 张德良. 计算流体力学教程[M]. 北京:高等教育出版社, 2010.

[133] 陆金甫, 关治. 偏微分方程数值解法[M]. 北京:清华大学出版社, 2004.

[134] Zhu Y, Bridson R. Animating sand as a fluid [J]. ACM Transactions on Graphics, 2005, 24(3):965-972.

[135] Cornelis J, Ihmsen M, Peer A, et al. IISPH - FLIP for Incompressible Fluids [C]. Proceedings of Computer Graphics Forum. 2014:255-262.

[136] Boyd L, Bridson R. MultiFLIP for Energetic Two-phase Fluid Simulation [J]. ACM Transactions on Graphics, 2012, 31(2):1-12.

[137] 崔楠, 柳有权, 陈凯. 关于流体模拟细节增强技术的研究[J]. 计算机与数字工程, 2014, 42(4):698-701.

[138] Chorin A. The Numerical Solution of the Navier-Stokes Equations for an Incompressible Fluid [J]. Bulletin of the American Mathematical Society, 1967. 73(6): 928-931.

[139] Poochinapan K. Numerical Implementations for 2D Lid-Driven Cavity Flow in Stream Function Formulation [J]. Isrn Applied Mathematics, 2012. 4(2012): 1-18.

[140] Kimura M. A Level Set Method Using the Signed Distance Function [J]. Japan Journal of Industrial & Applied Mathematics, 2002, 19(3):415-446.

[141] Ando R, Wojtan C. Highly Adaptive Liquid Simulations on Tetrahedral Meshes [J]. ACM Transactions on Graphics, 2013, 32(4):1-10.

[142] Sethian J A. Level Set Methods and Fast Marching Methods [M]. Cambridge: Cambridge University Press, 1999, 11(1):40.

[143] Kalland K M. A Navier-Stokes Solver for Single-and Two-Phase Flow [D]: (Master Degree). Faculty of Mathematics and Natural Sciences University of Oslo, 2008.

[144] 张德良. 计算流体力学教程[M]. 北京:高等教育出版社, 2010:458-459.

[145] 王绪胜, 程向新, 宋修福,等. 某新型结构围油栏的数值模拟分析[J]. 中国高新技术企业, 2011(19):39-40.

[146] Borthwick A G, Joynes S A. Laboratory Study of Oil Slick Subjected to Nearshore Circulation [J]. Journal of Environmental Engineering, 1992, 118(118): 905-922.

[147] Nagheeby M, Kolahdoozan M. Numerical Modeling of two-phase Fluid Flow and Oil Slick Transport in Estuarine Water.[J]. International Journal of Environmental Science & Technology, 2010, 7(4):771-784.

[148] Liu W, Sun Y. Study and Improvement of Oil Spill Simulation Methods [J]. Journal of East China Normal University, 2009.

[149] Harten A. High Resolution Schemes for Hyperbolic Conservation Laws [J]. Journal of Computational Physics, 1983, 49(3): 357-393.

[150] Roe P L. Characteristic-based Schemes for the Euler equations [J]. Annual Re-

view of Fluid Mechanics, 1986, 18(1): 337-365.

[151] 汪迎春，汪德爟. VOF法与Level Set法的比较[J]. 中国科技论文在线，2006.

[152] 刘儒勋，王志峰. 数值模拟方法和运动界面追踪[M]. 合肥：中国科学技术大学出版社，2001.

[153] Zalesaka S T. Fully Multidimensional Flux-corrected Transport Algorithms for Fluids [J]. Journal of Computational Physics, 1979, 31(3):335-362.

[154] Youngs D L. Time Dependent Multi-Material Flow with Large Fluid Distortion [J]. Numerical Methods for Fluid Dynamics, 1982, 273-285.

[155] Ashgriz N, Poo J Y. FLAIR: Flux Line-segment Model for Advection and Interface Reconstruction [J]. Journal of Computational Physics, 1991, 93(2): 449-468.

[156] Shreiner D, Woo M, Neider J, et al. OpenGL Programming Guide: The Official Guide to Learning OpenGL[J]. Pearson Schweiz Ag, 2017:1-107.

[157] 陈姚节，朱兴亮，叶峰，等. 基于OSG和Bullet的海上消防三维仿真系统[J]. 计算机仿真，2017，34(3):268-272.

[158] 李雪威，张新荣. 保持边缘的高斯平滑滤波算法研究[J]. 计算机应用与软件，2010，27(1):83-84.

[159] Provot X. Deformation Constraints in a Mass-Spring Model to Describe Rigid Cloth Behavior [J]. Proceedings of Graphics Interface, 1995, 23(19): 147-154.

[160] 胡晓楠，张建斌，赵国伟. 柔性绳索在空气阻力作用下的动力学仿真研究[J]. 机械科学与技术，2010，29(10):1334-1337.

附录一 SDF方法代码示例

```
#include "math.h"

class SDF {

  private:

    inline double pos_sq(double x);
    inline double neg_sq(double x);
    inline double max(double a, double b);
    inline int index(int i, int j, int k, int * dims);
    double norm_grad_2d(double * lsf, double * sgn, int i, int j, int * dims);
    double norm_grad_3d(double * lsf, double * sgn, int i, int j, int k, int * dims);

  public:

    int construct(double * lsf, int * dims, int ndims, double band, double tolerance);
};

inline double SDF :: pos_sq(double x)
{
  if (x>0) return x*x;
  else return 0;
}
```

```
inline double SDF :: neg_sq(double x)
{
  if (x<0) return x*x;
  else return 0;
}

inline double SDF :: max(double a, double b)
{
  if (a >= b) return a;
  else return b;
}

inline int SDF :: index(int i, int j, int k, int * dims)
{
  if (i == dims[0]) i = 0;
  if (i == -1) i = dims[0] - 1;

  if (j == dims[1]) j = 0;
  if (j == -1) j = dims[1] - 1;

  if (k == dims[2]) k = 0;
  if (k == -1) k = dims[2] - 1;

  return i*dims[1]*dims[2] + j*dims[2] + k;
}

double SDF :: norm_grad_3d(double * lsf, double * sgn, int i, int j, int k, int *
dims)
{
  unsigned p = index(i,j,k,dims);
```

```
    double a = lsf[p] - lsf[index(i-1,j,k,dims)];
    double b = lsf[index(i+1,j,k,dims)] - lsf[p];

    double c = lsf[p] - lsf[index(i,j-1,k,dims)];
    double d = lsf[index(i,j+1,k,dims)] - lsf[p];

    double e = lsf[p] - lsf[index(i,j,k-1,dims)];
    double f = lsf[index(i,j,k+1,dims)] - lsf[p];

    double grad_x, grad_y, grad_z;

    if (sgn[p]>0) {
      grad_x = max(pos_sq(a), neg_sq(b));
      grad_y = max(pos_sq(c), neg_sq(d));
      grad_z = max(pos_sq(e), neg_sq(f));
    } else {
      grad_x = max(pos_sq(b), neg_sq(a));
      grad_y = max(pos_sq(d), neg_sq(c));
      grad_z = max(pos_sq(f), neg_sq(e));
    }

    return sqrt(grad_x + grad_y + grad_z);
}

double SDF :: norm_grad_2d(double * lsf, double * sgn, int i, int j, int * dims)
{
    int k = 0;
    unsigned p = index(i,j,k,dims);

    double a = lsf[p] - lsf[index(i-1,j,k,dims)];
    double b = lsf[index(i+1,j,k,dims)] - lsf[p];
```

```
        double c = lsf[p] - lsf[index(i,j-1,k,dims)];
        double d = lsf[index(i,j+1,k,dims)] - lsf[p];

        double grad_x, grad_y;

        if (sgn[p] > 0) {
            grad_x = max( pos_sq(a), neg_sq(b) );
            grad_y = max( pos_sq(c), neg_sq(d) );
        } else {
            grad_x = max( pos_sq(b), neg_sq(a) );
            grad_y = max( pos_sq(d), neg_sq(c) );
        }

        return sqrt(grad_x + grad_y);
    }

    int SDF :: construct(double * lsf, int * dims, int ndims, double band, double tol-
erance)
    {
        double dt = 0.2;
        double max_dt = tolerance + 1;
        double * sign, * sdf_dt;
        int sdf_dims[3];

        sdf_dims[0] = dims[0];
        sdf_dims[1] = dims[1];
        if (ndims == 2) sdf_dims[2] = 1;
        else if (ndims == 3) sdf_dims[2] = dims[2];

        sign = new double [sdf_dims[0]*sdf_dims[1]*sdf_dims[2]];
```

```
sdf_dt = new double [sdf_dims[0]*sdf_dims[1]*sdf_dims[2]];

for (int i=0; i<sdf_dims[0]; i++)
for (int j=0; j<sdf_dims[1]; j++)
for (int k=0; k<sdf_dims[2]; k++)
{
  int ndx = i*sdf_dims[1]*sdf_dims[2] + j*sdf_dims[2] + k;

  if (lsf[ndx] > 0) sign[ndx] = 1;
  else if (lsf[ndx] < 0) sign[ndx] = -1;
  else           sign[ndx] = 0;
}

while (max_dt > tolerance)
{
  max_dt = 0.0;

  for (int i=0; i<sdf_dims[0]; i++)
  for (int j=0; j<sdf_dims[1]; j++)
  for (int k=0; k<sdf_dims[2]; k++)
  {
    int ndx = i*sdf_dims[1]*sdf_dims[2] + j*sdf_dims[2] + k;

    if (fabs(lsf[ndx]) >= band)
          {
      sdf_dt[ndx] = 0;
    }
          else
          {
      double s, grad;
```

```
            s = lsf[ndx] / sqrt(lsf[ndx]*lsf[ndx] + 1.0);

            if (ndims == 2) grad = norm_grad_2d(lsf, sign, i, j, sdf_dims);
            else if (ndims == 3) grad = norm_grad_3d(lsf, sign, i, j, k, sdf_dims);
            else return -1;

            sdf_dt[ndx] = s * (1.0 - grad);

            if (fabs(sdf_dt[ndx]) > max_dt) max_dt = fabs(sdf_dt[ndx]);
        }
      }

      for (int i=0; i<sdf_dims[0]; i++)
      for (int j=0; j<sdf_dims[1]; j++)
      for (int k=0; k<sdf_dims[2]; k++)
      {
        int ndx = i*sdf_dims[1]*sdf_dims[2] + j*sdf_dims[2] + k;
        lsf[ndx] += dt * sdf_dt[ndx];
      }
    }

    delete [] sign;
    delete [] sdf_dt;
    return 0;
}
```

附录二 压力投影算法代码示例

```
function ns_test_project
global U V C Ut Vt Ct rho p pt
global Ut2 Vt2
global pt
global Re Nx Ny dx dy dt c2
global du dv
global dpx  du2x  du2y duux duvy
global dpy dv2x dv2y duvx dvvy
global Ua Va Pa
global dCx dCy dC2x dC2y
global rho1 rho2
global g;
global alfa ucpx ucpy alfat2
init_UF;

init_condition_new

CFL = 4*dt/(Re*dx*dx)
CFL2 = 4*dt*(1/Re+c2*dt/2)/(dx*dx)
```

```
nt=1000

for i=1:nt

   bound_condition_canvity2 %ok

   update_project_p_mac

   update_u_mac;

   a=mod(i,40);
   if(a==1)

      draw_varialbe2
%        save data\p.txt -ascii p
%        save data\U.txt -ascii U
%        save data\V.txt -ascii V
   end
   %draw_varialbe2
   %quiver(U,V);
   %draw_UV
end
draw_varialbe2
%figure;
%quiver(U,V);
```

```
%figure ;
%save Uc1.txt -ascii u10
%save alfa.txt -ascii alfa

end

function init_UF
global U V C Ut Vt Ct rho p pt pt2
global Ut2 Vt2
global Re Nx Ny dx dy dt c2
global du dv
global dpx  du2x  du2y duux duvy
global dpy dv2x dv2y duvx dvvy
global Ua Va Pa
global dCx dCy dC2x dC2y
global rhop1 rhop2
global cp %mass fraction
global Dmp %diffusion coef
global ucpx ucpy %drift velocity
global dp %diameter of the particles
global alfa alfat alfat2 % volume fraction
global g;
global X Y;
Nx=31;
Ny=31;
```

```
%Nx=100 %网格节点上数
dt=0.02;
dx=0.1;
dy=0.1;
Re=100;
c=1.2;
c2=c*c;
rho(:,:)=0.1
%g=-0.0981;
g=0;
U=zeros(Ny,Nx);
Ut=zeros(Ny,Nx);
rho=ones(Ny,Nx);


C=zeros(Ny,Nx);
V=zeros(Ny,Nx);
Vt=zeros(Ny,Nx);
Ct=zeros(Ny,Nx);
p=ones(Ny,Nx)
pt=zeros(Ny,Nx);

du=zeros(Ny,Nx);
dv=zeros(Ny,Nx);

dpx=zeros(Ny,Nx);
```

```
du2x=zeros(Ny,Nx);
du2y=zeros(Ny,Nx);
duux=zeros(Ny,Nx);
duvy=zeros(Ny,Nx);

dpy=zeros(Ny,Nx);
dv2x=zeros(Ny,Nx);
du2y=zeros(Ny,Nx);
duvx=zeros(Ny,Nx);
dvvy=zeros(Ny,Nx);

Ua=zeros(Ny,Nx);
Va=zeros(Ny,Nx);

dCx=zeros(Ny,Nx);
dCy=zeros(Ny,Nx);
dC2x=zeros(Ny,Nx);
dC2y=zeros(Ny,Nx);

ucpx=zeros(Ny,Nx);
ucpy=zeros(Ny,Nx);
alfa=zeros(Ny,Nx);
alfat=zeros(Ny,Nx);
alfat2=zeros(Ny,Nx);

Ut2=zeros(Ny,Nx);
```

```
Vt2=zeros(Ny,Nx);
pt2=zeros(Ny,Nx);

X=zeros(Ny,Nx);
Y=zeros(Ny,Nx);
end

function update_project_p_mac
global U V Ut Vt rho p pt
global Re Nx Ny dx dy dt c2
global Ua Va Pa
global du dv
global pt
dx2=dx*dx;
dy2=dy*dy;

for j=1+1:Ny-1
    for i=1+1:Nx-1
        %中心
        du(j,i)=U(j,i+1)-U(j,i-1);
        dv(j,i)=V(j+1,i)-V(j-1,i);
        div=div_vec(du(j,i),dv(j,i),2*dx,2*dy);


        r1=dy2*(p(j,i+1)+p(j,i-1));
        r2=dx2*(p(j+1,i)+p(j-1,i));
```

```
        r3=-dx2*dy2*div/dt;
        pt(j,i)=0.5*(r1+r2+r3)/(dx2+dy2);

        p(j,i)=pt(j,i);

        U(j,i)=U(j,i)-0.5*dt*(p(j,i+1)-p(j,i-1))/dx;
        V(j,i)=V(j,i)-0.5*dt*(p(j+1,i)-p(j-1,i))/dy;
    end
end

end

function update_u_mac
global U V C Ut  Vt  Ct rho p pt
global Ut2 Vt2
global Re Nx Ny dx dy dt c2
global du dv
global dpx  du2x  du2y duux duvy
global dpy dv2x dv2y duvx dvvy
global Ua Va Pa
global dCx dCy dC2x dC2y
global rho1 rho2
global g;
global ucpx ucpy %drift velocity
global alfa% volume fraction
invRe=1/Re;
```

```
for j=2:Ny-1
  for i=2:Nx-1
    %前差
    A1=0;
    %黏性力
    %lap(u)
    %ddu/dx2+ddu/dy2
    du2x(j,i)=U(j,i+1)-2*U(j,i)+U(j,i-1);
    du2y(j,i)=U(j+1,i)-2*U(j,i)+U(j-1,i);
    A2=invRe*lap_vec(du2x(j,i),du2y(j,i),dx,dy);

    %速度散度 rho*u*u
    duux(j,i)=U(j,i+1)*U(j,i)-U(j,i)*U(j,i);
    duvy(j,i)=U(j+1,i)*V(j,i)-U(j,i)*V(j,i);
    A3=-div_vec(duux(j,i),duvy(j,i),dx,dy);

    ducpx=alfa(j,i+1)*(1-alfa(j,i+1))*ucpx(j,i+1).^2-...
      alfa(j,i)*(1-alfa(j,i))*ucpx(j,i).^2;

    ducpy=alfa(j+1,i)*(1-alfa(j+1,i))*ucpx(j+1,i).^2-...
      alfa(j,i)*(1-alfa(j,i))*ucpx(j,i).^2;
    A4=-div_vec(ducpx,ducpy,dx,dy);
    %Ut(j,i)=(A1+A2+A3+A4)*dt+U(j,i);
    Ut(j,i)=(A1+A2+A3)*dt+U(j,i);
```

```
%后差

A1=0;
%黏性力
%lap(u)
%ddu/dx2+ddu/dy2
du2x(j,i)=U(j,i+1)-2*U(j,i)+U(j,i-1);
du2y(j,i)=U(j+1,i)-2*U(j,i)+U(j-1,i);
A2=invRe*lap_vec(du2x(j,i),du2y(j,i),dx,dy);

duux(j,i)=U(j,i)*U(j,i)-U(j,i-1)*U(j,i);

duvy(j,i)=U(j,i)*V(j,i)-U(j-1,i)*V(j,i);
A3=-div_vec(duux(j,i),duvy(j,i),dx,dy);

ducpx=alfa(j,i)*(1-alfa(j,i))*ucpx(j,i).^2-...
   alfa(j,i-1)*(1-alfa(j,i-1))*ucpx(j,i-1).^2;

ducpy=alfa(j,i)*(1-alfa(j,i))*ucpx(j,i).^2-...
   alfa(j-1,i)*(1-alfa(j-1,i))*ucpx(j-1,i).^2;
A4=-div_vec(ducpx,ducpy,dx,dy);

Ut2(j,i)=0.5*(A1+A2+A3)*dt+0.5*U(j,i)+0.5*Ut(j,i);
 U(j,i)=Ut2(j,i);
end
```

```
end


for j=1+1:Ny-1
   for i=1+1:Nx-1


      A1=0;
      %黏性力
      %lap(v)
      %ddv/dx2+ddv/dy2
      dv2x(j,i)=V(j,i+1)-2*V(j,i)+V(j,i-1);
      dv2y(j,i)=V(j+1,i)-2*V(j,i)+V(j-1,i);
      A2=invRe*lap_vec(dv2x(j,i),dv2y(j,i),dx,dy);

      %速度散度
      duvx(j,i)=Ua(j,i)*V(j,i+1)-Ua(j,i)*V(j,i);
      dvvy(j,i)=V(j+1,i)*V(j,i)-V(j,i)*V(j,i);
      A3=-div_vec(duvx(j,i),dvvy(j,i),dx,dy);

      ducpx=alfa(j,i+1)*(1-alfa(j,i+1))*ucpy(j,i+1).^2-...
         alfa(j,i)*(1-alfa(j,i))*ucpy(j,i).^2;
      ducpy=alfa(j+1,i)*(1-alfa(j+1,i))*ucpy(j+1,i).^2-...
         alfa(j,i)*(1-alfa(j,i))*ucpy(j,i).^2;
      A4=-div_vec(ducpx,ducpy,dx,dy);

      %Vt(j,i)=(A1+A2+A3+A4)*dt+V(j,i);
```

```
Vt(j,i)=(A1+A2+A3+g)*dt+V(j,i);
%后差
%压力梯度
%dpy(j,i)=(p(j,i)/rho(j,i))-(p(j-1,i)/rho(j,i));
%A1=-div_scalar(dpy(j,i),dy);
A1=0;

%粘性力
%lap(v)
%ddv/dx2+ddv/dy2
dv2x(j,i)=V(j,i+1)-2*V(j,i)+V(j,i-1);
dv2y(j,i)=V(j+1,i)-2*V(j,i)+V(j-1,i);
A2=invRe*lap_vec(dv2x(j,i),dv2y(j,i),dx,dy);

%速度散度
duvx(j,i)=Ua(j,i)*V(j,i)-Ua(j,i)*V(j,i-1);
dvvy(j,i)=V(j,i)*V(j,i)-V(j-1,i)*V(j,i);
A3=-div_vec(duvx(j,i),dvvy(j,i),2*dx,2*dy);

ducpx=alfa(j,i)*(1-alfa(j,i))*ucpy(j,i).^2-...
   alfa(j,i-1)*(1-alfa(j,i-1))*ucpy(j,i-1).^2;
ducpy=alfa(j,i)*(1-alfa(j,i))*ucpy(j,i).^2-...
   alfa(j-1,i)*(1-alfa(j-1,i))*ucpy(j-1,i).^2;

A4=-div_vec(ducpx,ducpy,2*dx,2*dy);

Vt2(j,i)=0.5*(A1+A2+A3+g)*dt+0.5*V(j,i)+0.5*Vt(j,i);
```

```
    V(j,i)=Vt2(j,i);
  end
end

end

function re=div_scalar(du,dx)

re=du/dx;

end

function re=div_vec(du,dv,dx,dy)

re=du/dx+dv/dy;

end

function re=lap_vec(du,dv,dx,dy)

dx2=dx*dx;

dy2=dy*dy;

re=(du/dx2)+(dv/dy2);

end
```

致　　谢

我最想感谢的人是我的博士生导师——尹勇教授，他不断用自己的行动影响着我。老师严谨的科研态度、孜孜不倦的教诲将影响我的一生。老师几十年如一日，几乎没有休过假期，我一直都将老师作为自己的榜样。记得第一次老师鼓励我写论文，老师看完之后不断给我修改，第一篇论文修改了四稿以上，每次老师都是那么耐心，那么细致，这一切都深深地触动着我。还有，还记得有一次我课题上遇到瓶颈，很长时间都没有进展，老师得知以后，请实验室多位老师一起为我出谋划策，最终在老师们的帮助下，我的问题得以解决。像这样让我感动的事情数不胜数。

我一直都说，我很幸运，很幸运来到了航海动态仿真实验室这个大家庭，很幸运遇到了尹勇老师，在这里我收获了知识，学会了感恩，我也将用自己的行动为这个大家庭付出自己的努力——因为实验室就是他的第二个家。

同时，也要感谢我的硕士导师刘秀文副教授。正是因为刘老师对我的严格要求，我在读博期间才能更好地进行自我约束。读硕士期间，是尹勇老师引导我进入编程的世界，常常为我答疑解惑，让我很快进入了状态。

此外，感谢金一丞教授、张显库教授、任鸿翔教授、任俊生教授、张秀凤教授在预答辩中对我的研究工作提出的宝贵意见，感谢孙霄峰副教授在课题陷入困境时为我出谋划策。

感谢神和龙师兄，神博士带我开启了编程的旅程，他在我学习编程的道路上亦师亦友。感谢钱小斌博士，在过去的5年多里，他为我们维护了良好的学习环境，组织大家外出游玩放松，也祝愿你能早日找到满意的工作。

感谢万飞飞、李海江、蒋效彬、张腾等同学，和你们在一起的学习是快乐的，也祝你们早日完成答辩，找到自己中意的工作。

感谢唐皇、李笑晨、景乾峰、张晓曦、游威、高正丽、周正宇、魏立桥师弟师妹，你们给过我很多帮助，希望你们能够取得更多、更好的成绩。

感谢华东交通大学的同事对我工作的支持和帮助，感谢学校为我提供了良好的科研平台和工作环境。

感谢国家自然科学基金地区基金：体积守恒的大尺度海上溢油流固耦合实时交互研究（62162027）对本研究的资助！

感谢我的家人，感谢所有帮助过我的朋友！

邹长军

华东交通大学